KB236002

길을 잃었다고 생각되었을 때
가장 위안을 주는 것은 방향을 제시해주는
나침반입니다.

.... 님께

.... 드림

차라리 수학공부 하지 마라

차라리 수학공부 하지 마라

2012년 3월 2일 초판 1쇄 발행
지은이 · 안슬기

펴낸이 · 박시형
책임편집 · 권정희, 이혜진
기획 · 페이퍼100

경영총괄 · 이준혁
마케팅 · 권금숙, 장건태, 김석원, 김명래, 탁수정
경영지원 · 김상현, 이연정, 이윤하
펴낸곳 · (주)쌤앤파커스 | 출판신고 · 2006년 9월 25일 제313-2006-000210호
주소 · 서울시 마포구 동교동 203-2 신원빌딩 2층
전화 · 02-3140-4600 | 팩스 · 02-3140-4606 | 이메일 · info@smpk.kr

ⓒ 안슬기 (저작권자와 맺은 특약에 따라 검인을 생략합니다)
ISBN 978-89-6570-062-3 (13410)

쌤앤파커스(Sam&Parkers)는 독자 여러분의 책에 관한 아이디어와 원고 투고를 설레는 마음으로 기다리고 있습니다. 책으로 엮기를 원하는 아이디어가 있으신 분은 이메일 book@smpk.kr로 간단한 개요와 취지, 연락처 등을 보내주세요. 머뭇거리지 말고 문을 두드리세요. 길이 열립니다.

차라리 수학공부 하지 마라

안슬기 지음

수학공부 하기 전에 읽는 수학책

와~ 신난다
재밌다
수학공부

수학 때문에 미치겠는 중고등학생들에게

반갑습니다.

저는 15년 넘게 중고등학교에서 수학을 가르치고 있는, 참 슬픈 대한민국 수학교사입니다. 왜 슬프냐고요? 남들이 듣기 싫어하는 말을 하루에 4시간씩 15년 넘게 해보세요. 슬픈가, 안 슬픈가! (울컥)

저는 매년 수업 첫 시간에 "수학이 재밌는 사람?" 하고 물어봅니다.

손을 드는 대신 곳곳에서 한숨이 새어나오죠.

몇몇이 조심스럽게 손을 들긴 하는데, 곧 다른 학생들의 험악한 야유와 냉소에 슬그머니 손을 내립니다.

물론 수학을 재밌어하는 학생도 있긴 하지만 아주 드물고, 우리나라 학생들은 대부분 수학을 싫어하는 것 같아요. 하지만 문제는 수학이 굉장히 중요한 과목이라는 데 있습니다.

뭐, 원론적으로 말하자면 기초과학의 기초과학이니까 중요하겠죠. 하지만 수학이 중요한 이유가 단지 과학의 어머니라서만은 아닙니다. 수학이 중요한 이유는 따로 있어요.

수학은 우리의 뇌 단련을 목표로 하는 유일한 과목이랍니다.

사고력, 즉 생각하는 능력이 없다면 어떤 학문도 할 수 없습니다. 다른 나라 말의 문법을 이해할 수 없고, 복잡한 사회현상을 이해할 수도 없지요. 당장 사용하는 국어도 중요하고 미래를 담보하는 영어도 중요하지만, 수학은 그 과목들을 공부할 뇌를 담당하니 어쩌면 가장 중요한 과목이 아닐까요?

생각하기 능력은 공부뿐 아니라 우리의 삶 모든 과정에 작용합니다.

논리적, 합리적 사고력이 없으면 삶의 고비마다 올바른 판단을 내리기 어렵습니다. 남의 말에 쉽게 휘둘리고, 속기도 쉬울 거예요. 장차 사회에 나가 일을 할 때도 무엇을 어떻게 해야 할지 결정하기 어려울 것이고요.

수학이 중요하다는 사실은 이미 많은 사람들이 알고 있습니다.

그러니 나라에서도 그렇게 열심히 수학을 가르치려 하는 것이죠. 초중고에서 가장 많이 가르치는 과목 중 하나가 수학입니다.

그리고 대학수학능력시험에서도 비중과 영향력이 아주 높습니다.

사실 여러분이 피부로 느끼는 '수학의 중요성'은 바로 이 부분에서일 것입니다.

"수학을 못하면 어느 정도 이상으로 내 공부수준을 높일 수 없다!"

좀 더 솔직하고 직접적으로 말해볼까요?

"수학 때문에 원하는 대학에 갈 수 없을지도 모른다!"

아, 내가 너무 잔인한가요? 그런데 사실이잖아요!

딜레마입니다.

수학은 중요한데 수학을 싫어한다는 것!

수학책을 보고는 있는데 공부하는 것이 지옥입니다. 공부가 될 리 만무합니다.

괴로운 시간만 흘러가고, 그래서 더 괴롭습니다.

대한민국의 많은 학생들은 이렇게 매일 지옥을 경험하며 살고 있죠. 무슨 죄를 지은 것도 아닌데 말이에요.

그 모습을 매일 보는 것이 수학교사로서 여간 안쓰럽고 힘든 게 아닙니다.

"차라리 수학공부 하지 마라. 성격 버리겠다. 일단 사람부터 살고 봐야지." 하고 말해주고 싶을 정도입니다.

그렇게 저 자신이 괴로워 언젠가부터 학생들이 수학을 편하게 느낄 수 있도록 하는 방법을 찾기 시작했습니다. 수학시간의 제1목표도 "무조건 재밌게!"로 정했습니다.

쉬운 일은 아니지만 노력하다보니 학생들이 조금씩 편안해하더군요.

이 책을 쓰겠다고 결정한 이유도 학생들이 수학 때문에 받는 스트레스를 조금이나마 줄였으면 하는 바람에서입니다.

여러분이 이 책을 읽고 일단 수학에 대해 마음을 편히 갖고, 그다음 수학을 곁에 두고, 마침내 수학과 친해질 수 있었으면 합니다.

이 책은 여러분의 친구들이 저에게 털어놓은 수학공부에 대한 고민과, 그 고민을 해결해주려 노력했던 저의 답변으로 이루어져 있습니다. 제가 학교에서 근무하면서 숱하게 듣고 상담한 내용들입니다.

이 책을 읽는 여러분도 분명 같은 고민을 하고 있을 것입니다.

이왕 열심히 공부해야만 할 운명의 상대라면 수학이란 놈을 어떻게 대하는 것이 좋을지, 어떻게 공부하는 것이 나에게 맞는지 찾길 바랍니다. 여러분이 수학을 좋아하게 되는 데 이 책이 작은 도움이 되길 간절히 바랍니다.

지옥 같은 공부라면 차라리 수학공부 하지 마십시오.
수학에게 마음을 열고 열정으로 다가갑시다.
자신의 미래를 위해 열심히 공부하는 여러분, 파이팅입니다!

2012년 2월
안슬기

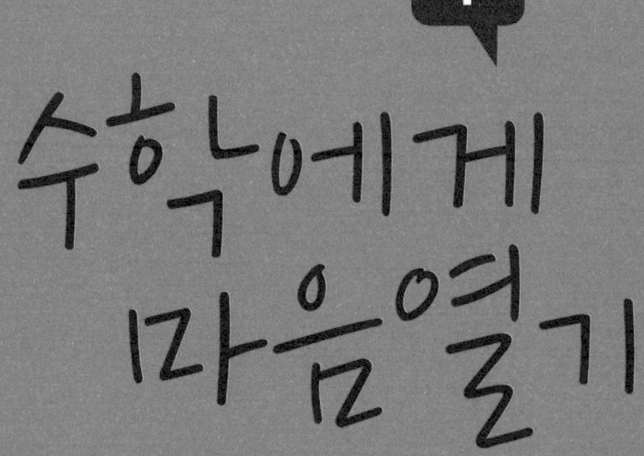

1
수학에게
마음열기
수학을 안아줘~

01

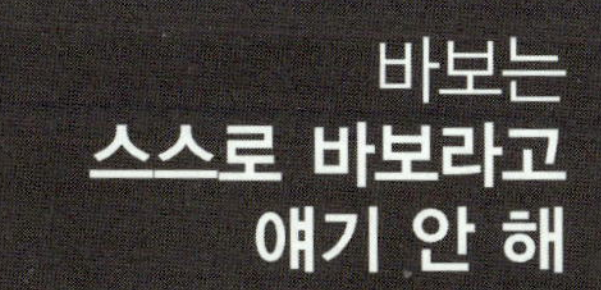

저도 제가 왜 그랬는지 모르겠어요. 사실, 중간고사 보고 수학성적이 생각보다 많이 오르지 않아 힘들었어요. 하지만 아무것도 아닌 양 더 열심히 공부했죠. 스스로에게 티를 내지 않기 위해 노력했어요.

선생님이 항상 그러셨잖아요. 많이 흔들릴수록 지는 거라고. 그래서 안 흔들리는 척했어요.

그런데 중간고사 이후에 듣는 수학수업 내용을 아무것도 모르겠더라고요. 학년 초에는 그래도 무슨 말인지는 알아들었는데, 지금 단원은 정말 하나도 알아들을 수가 없어요. 눈앞이 깜깜했어요. 아이들은 선생님 수업을 들으며 재미있다고 웃는데, 저는 그럴 수가 없었다고요. 너무 답답해서 가슴이 터져버릴 것 같았어요.

그때 수진이가 옆에서 "아하!" 그러는 거예요. 돌아봤더니 환히 웃으며 고개를 끄덕거리는 거예요. 저는 칠판을 다시 봤어요. 선생님 설명도 집중해서 들었죠.

그런데 도대체 무슨 말씀을 하시는지 아무리 알아들으려고 해도 못 알아듣겠더라고요. 그때 갑자기 눈물이 막 쏟아졌어요. 저도 모르게.

선생님 죄송해요. 아파서 양호실 간다고 그런 게 아니었어요. 아무래도 전 바본가봐요. 죄송해요, 선생님.

수업 중에 한 학생이 갑자기 우는 일이 있었어요. 해림이라는 아이인데, 수학을 잘해보겠다고 엄청나게 열심히 노력하는 학생이었습니다. 점수는 많이 오르지 않았지만, 실망하지 않고 계속 꿋꿋이 수업에 집중하는 친구였죠. 그런데 속으로는 엄청 힘들었나봅니다.

학생들이 힘들어하는 시기가 보통 새 학년의 첫 중간고사를 보고 난 다음입니다. 방학 때 굳은 결심으로 공부를 하고 새 학기 시작되어 열심히 수업도 들었건만, 성적이 나오지 않으니 당황하는 것이죠. 그러면 마음이 조급해지고 수업내용이 하나도 머리에 들어오지 않습니다.

게다가 중간고사 이후의 단원은 어렵거든요. 날씨도 더워지고, 수학여행이나 소풍 같은 학교행사도 많아집니다. 그러니 공부하기가 더 힘들어지죠. 이때 자괴감이 드는 겁니다.

"난 어쩔 수 없나?"

다음은 제가 수학을 가르치면서 학생들에게 가장 많이 듣는 말입니다.

"전 돌대가리인 것 같아요."
"전 원래 머리가 나빠요."
"전 어차피 들어도 몰라요."

이 말들에는 자신에 대한 안타까움도 조금 묻어 있지만, 사실 수학에서 도망가려는 핑계처럼 보이기도 합니다. 이 한마디가 귀찮고 짜증나는 수학을 더 이상 안 해도 되는 결정적 이유를 자신에게 만들어주는 것이죠. 자기가 돌대가리라면 아무리 열심히 해도 수학을 못할 테니 수학을 할 필요가 없어지잖아요?

물론 의도적인 건 아니겠지만, 저는 이것을 여러분이 지닌 무의식의 작용이라고 생각합니다. 무의식이 자꾸 여러분을 수학에서 도망치게 하는 거예요. 힘드니까. 수학이 얼마나 힘들고 싫으면 그럴까 이해도 되지만, 스스로 자신을 비하하는 것은 별로 좋은 해결책이 아닙니다. 습관이 되거든요.

어찌 보면 자신을 '어쩔 수 없는 사람'으로 규정하는 것이 당장은 현실문제를 해결하는 가장 쉬운 방법일 수 있습니다. 하지만 자꾸 그런 식으로 문제를 해결하면 결국 아무것도 못하는 사람이 되고 맙니다. 매사에 자신감도 열정도 없는 무기력한 사람 말이죠. 저는 수학 때문에 우리나라 청소년들이 그렇게 되는 것을 바라지 않습니다.

세상에 원래 못하지 않았던 게 어디 있습니까? 사람이 태어날 때부터 잘하는 것은 하나도 없습니다. 심지어 갓 태어난 아기는 우는 것, 똥 싸는 것도 잘 못합니다. 살면서 배우는 것입니다. 누구나 똑같습니다.

여러분의 무의식은 여러분이 바보였으면 좋겠다고 생각하나 봅니다. 바보라면 그 지긋지긋한 수학을 안 할 수가 있으니까요. 그런데 참 미안한 말이지만, 여러분은 바보가 아닙니다. 그것은 수학교사인 제가 100% 보증할 수 있습니다.

자기 스스로에 대해 고민하고 걱정하는 사람이 바보일 리는 없습니다. 제가 바보들을 많이 봐서 아는데, 바보들은 절대 자기가 바보라고 생각지 않습니다. 고개를 빳빳이 세우고 주위를 둘러보며 무슨 대단한 존재인 양 대우해주기를 바라죠. 그게 바봅니다.

수학을 못한다고 해서 바보나 돌대가리는 아닙니다. 그냥 수학을 아직 못하는 것뿐입니다. 그러니까 적어도 "난 바보!"라는 이유로 수학에서 도망가지는 마십시오.

이왕 갈 거라면 당당하게 이별을 고하고 가면 됩니다.

"내가 좀 친해지려고 했는데, 수학 너 참 까다롭구나? 미안하지만 난 너한테 더 이상 관심을 줄 수가 없어. 다른 일로 바쁘거든. 그러니 앞으론 다른 애들이랑 친해봐. 굿바이, 수학!"

뭐, 이렇게 말이죠.

그게 아니라 수학과 친해지고 싶은 마음이 아직 남아 있다면, 습관처럼 "나는 바보!"라든가 하는 소리는 안 하길 간절히 바랍니다.

이것이 수학공부의 시작입니다.

가능성을 열어놓는 것!

여러분은 분명 수학을 잘할 수 있는 머리를 타고났습니다.

축하합니다!

- **"모르겠어!", "난, 바본가봐!" 하는 부정적인 말은 하지 말자.**
  그냥 "흠… 아직 좀 어렵군."이라고 하자. 대범하게!
- **어떤 개념을 이해했거나 스스로 문제를 풀었으면 자신을 칭찬하자.**
  "와우! 혹시, 나 천재?"

02

제가 바보가 아니더라도 저는 수학을 잘할 수 없어요.

왜냐하면 저는 수학을 싫어하니까요. 수학이 너무 싫지만, 원하는 대학을 가기 위해 하기 싫어도 어쩔 수 없이 하는 거예요.

수학문제집만 펴도 진절머리가 나고 숨이 가쁘다고요.

수학을 하는 날은 학원도 가기 싫어요. 제가 올해 학원을 세 번 빠졌는데, 다 수학이 있는 날이었어요.

아, 수학 없는 세상에서 살고 싶어요!

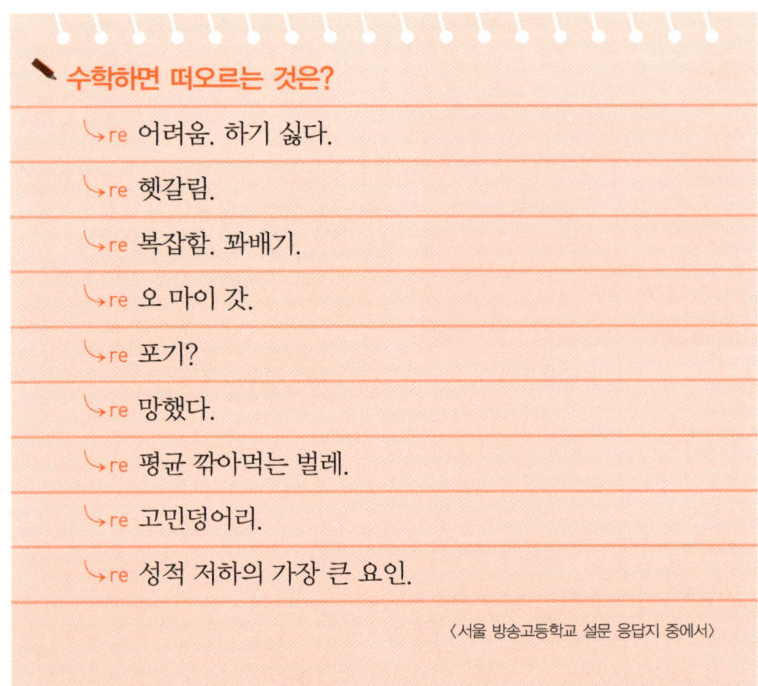

수학을 싫어한다….

제가 고등학교 3학년 때 수학교육과를 간다고 했더니 친구들이 황당하다는 표정으로 물었습니다.

"넌 대학 가서도 수학을 하고 싶냐?"

그래요, 대부분의 사람들은 수학을 좋아하지 않습니다. 심지어 수학교사인 저도 그래요. 꼬치꼬치 생각해서 결론을 내는 게 참 귀찮고 뻑뻑한 일이거든요. 아마 모르긴 몰라도 전 국민의

95% 이상은 수학을 싫어할 겁니다.

그런데 문제는 너무 필요 이상으로 싫어한다는 것입니다. 나라에서 그렇게 시간을 많이 할애해 수학공부를 하게 하는 데는 분명 이유가 있지 않을까요? 나라에서는 우리가 이 나라의 민주시민으로 살려면 수학이 꼭 필요한 것이라고 생각하는 모양입니다.

그리고 톡 까놓고 말해서, 어차피 해야 하고 또 잘하면 좋은 것이라면, 저 같으면 그렇게까지 싫어하기 전에 좀 친해지려고 노력을 하겠습니다.

학년을 마치며 다음 학년 교과서를 받았던 날, 기억하나요? 다들 들뜬 마음으로 교과서를 받았죠. 조금이라도 흠집이 있나, 눌린 자국이 있나 살피면서 말입니다.

1년 중에서 그때만큼 여러분의 눈이 반짝이는 날도 별로 없을 겁니다. 어떤 학생들은 책을 펴서 사진이나 그림에 나오는 사람수를 가지고 게임도 합니다. 또 어떤 학생은 책 이곳저곳에 자기 이름을 예쁘게 쓰느라 정신이 없습니다.

교과서 중에서 가장 인기가 좋은 책은 아마도 지리부도나 미술책, 음악책일 겁니다. 지도에서 자기가 아는 나라, 모르는 나라도 찾아보고, 미술책을 보다가 텔레비전에서 보았던 그림이라도 나오면 반갑습니다. 음악책을 들춰보곤 아는 노래가 있으면 속으로 불러보기도 합니다. 국어책도 나름 재미있잖아요? 시도 읽어보고, 소설도 읽어보고….

그런데 단 하나, 여러분이 한숨을 내뱉으며 한쪽에 던져놓는 책이 있습니다. 무슨 책일까요? 당연히 수학책이죠.

수학책을 들춰보는 여러분의 표정은 참 가관입니다.

"아휴, 이건 또 뭐야…."

"이걸 언제 또 다 배워…."

책상 끝에 아슬아슬하게 걸쳐 있는 수학책을 보면서, 저는 참 많이 슬프답니다. 마치 제가 학생들에게 버려진 것처럼 느껴지거든요.

이렇게 이미 여러분의 마음이 수학을 밀어내고 있습니다. 배워보기도 전에 말이에요. 그러니 그 상태에서 아무리 새 학기 각오를 하고 열심히 수학책을 붙잡고 있다 한들 수학이 머릿속에 들어오겠습니까? 터무니없는 일이죠.

그래놓고선 나중에 이렇게 말합니다.

"열심히 했는데도 안 되는 걸 어떡해요!"

싫어하는 사람을 의무감으로 매일 본다고 해서 그 사람을 사랑하게 되진 않습니다. 수학을 싫어하는 그 마음부터 바꾸지 않으면 수학은 절대 여러분의 머릿속에 들어오지 않을 것입니다.

그럼 수학을 억지로 좋아하란 말이냐고요? 아니, 그게 아니라 너무 필요 이상으로 미리 싫어하지는 말잔 이야기입니다. 편

견을 가지고 왕따시키진 말자, 이거죠. 그냥 다른 과목과 마찬가지로 대해주면 됩니다.

자, 수학책을 꺼내볼까요?

그리고 정면으로 수학책을 바라봅니다. 그다음에는 책 모서리를 잡고 악수를 해봅시다.

"너 수학이냐? 나 ○○이야. 뭐, 내가 널 썩 좋아하는 건 아니야. 하지만 친해지려고 노력할게. 너도 그래줬으면 좋겠어. 반갑다. 1년 동안 잘 지내보자."

전 이렇게 첫 수업시간에 학생들에게 '수학책과 인사하기' 시간을 가지게 합니다. 처음엔 이게 무슨 이상한 짓인가, 어리둥절해하기도 하고 킥킥 비웃기도 하죠. 하지만 곧 진지해지는 학생들의 눈빛을 느낄 수 있습니다. 사실은 학생들도 그동안 수학과의 관계가 신경 쓰이고 껄끄러웠던 거예요. 안 좋은 감정을 풀고 싶었던 거죠.

물론 인사를 하라고 하면 수학책을 끌어안고 볼을 비비거나 심지어 웃옷 속에 집어넣는 짓궂은 남학생도 있습니다. 하하, 참….

친구 중에는 '절친'만 있는 게 아닙니다. '그냥 친구'도 있죠. 그렇게 열어놓고 지내다보면 그 친구에게서 전에는 몰랐던 장점도 발견하고, 매력도 느끼고 그러는 거잖아요.

수학도 똑같습니다. 오만상을 찌푸리고 수학을 대하진 말자고요. 너무 힘들면 잠깐 쉬었다가 보면 됩니다. 자꾸 싫은 표정으로 수학을 대하면 결국 수학도 여러분에게 지치고 말아요. 그러면 나중에 수학이 필요할 때 다시 돌려세우기가 너무 힘듭니다.

그리고 수학, 얘도 알고 보면 불쌍한 애입니다.

우리나라 1,300만 학생들에게 눈총을 받으니 안쓰럽게 생각하자면 한없이 안쓰러운 애라고요. 말도 안 듣고 도대체 이해할 수 없는 행동을 하는 철부지 4차원 남동생 같다고나 할까요? 남동생이 짜증나게 한다고 평생 안 보고 원수처럼 살 수는 없잖아요? 그냥 옆에 두고 미운 정 고운 정 쌓으며 토닥토닥 그렇게 살면 되는 것입니다.

세상 살다보면 그런 게 많습니다. 사람은 물론이고 물건, 장소, 음식, 음악, 책, 생각, 날씨, 계절, 스포츠, 연예인 등 어떤 특정한 것을 필요 이상으로 싫어하는 것은 좋지 않습니다. 그건 자기를 좁은 틀에 옭아매고 스스로 옴짝달싹 못하게 하는 일이에요. 자기가 싫다고 한 생각과 밉다고 뱉은 말 때문에 그것을 지키느라 새로운 것을 시도하고, 발전할 기회를 놓치는 경우가 많거든요. 어른이 되면 점점 그런 경험을 많이 하게 될 거예요.

한 가지 일화를 이야기해볼까요?

한 학생과 상담을 했습니다. 그런데 당황스럽게도, 아버지가 너무 미운데 아버지를 이기는 방법이 뭐냐고 묻는 거예요.

저는 잠시 생각해보고 말했죠. 아버지를 이기는 방법은 아버지를 용서하는 것이라고. 아버지를 용서하는 그 순간이 얼마나 통쾌한지 아느냐고. 그러자 그 학생은 "에이, 무슨…." 하며 피식 웃었습니다.

그런데 그 학생이 며칠 뒤 다시 저를 찾아와 말했습니다.

"선생님 말씀이 맞았어요. 제가 속는 셈치고 아버지한테 용서하는 마음으로 웃으면서 '알았어요. 제가 잘못했어요. 이제 앞으론 잘할게요, 아버지.' 했거든요. 그랬더니 아버지가 당황하시면서 '어? 어….' 막 이러시더라고요. 그러더니 '그, 그래. 알았다. 앞으론 잘해!' 하시면서 도망가시는 거예요! 하하!"

들뜬 학생에게 제가 물었습니다.

"거봐, 용서하는 사람이 이기는 거라니까! 그런데 통쾌하냐?"

"음… 처음엔 통쾌했는데요. 아버지 뒷모습이 좀…."

수학이 여러분에게 참 몹쓸 짓을 했을지도 모릅니다.

그래도 용서해주십시오.

그러면 수학이 달리 보일 것입니다.

- ◆ **수학책에 말을 걸자. "야! 1년 잘 지내보자!"**
- ◆ **수학책에 이름을 쓸 때 정성을 다하자.**
  지저분한 낙서도 하지 말자. 수학책은 소중하니까.
- ◆ **수학노트를 최고급으로 사자. 아마 가장 아끼는 노트가 될걸?**
- ◆ **가장 맘에 드는 수학책 책갈피를 사자.**
  돈이 좀 들어도 괜찮다.
  멋있는 바다 사진이 있는 책갈피라면 수학책을 펼 때마다
  바다를 볼 수 있잖아!

03

어려운 수학문제를 풀다보면 그런 생각이 들어요. 이걸 내가 왜 하고 있는지….

솔직히 인생 살면서 한 번도 안 쓸 것 같거든요. 제가 수학자가 될 것도 아니고, 수학을 쓰는 과에 진학하고 싶은 것도 아니고요.

재작년 수학선생님은 그러셨어요. 이게 왜 필요한지 나중 되면 다 안다고. 다 필요한 거니까 일단 하라고.

작년 수학선생님은 또 이러셨어요. 우주선을 쏘아올릴 때 수학이 얼마나 많이 쓰이는지 아냐고. 컴퓨터 프로그래밍엔 함수가 중요하고, 마케팅에선 그래프를 잘해야 하고, 심지어 정치에선 확률과 통계가 생명이라고.

어떤 친구가 "저 그런 거 안 할 건데요?" 하니까 선생님이 그러셨어요.

"네가 나중에 뭐 하고 살지 어떻게 알아! 나도 너만 할 때 커서 수학선생을 할 거라고는 꿈에도 생각 못했어!"

학원선생님은 이러시죠.

"다른 이유 필요 없어. 대학 가려면 해야 돼. 네가 그런 고민 할 때, 네 친구는 한 문제 더 풀고 있단다."

물론 수학이 모든 학문의 기초라는 건 알아요. 대학 갈 때 굉장히 중요하다는 것도요. 그런데 그것 가지고는 제 스스로 납득이 안 돼요. 요샌 입학사정관에, 무슨 전형에 수학 못해도 대학 갈 수 있는 방법이 많다고요. 솔직히 유명한 사람들 중에는 수학 못한 사람이 더 많잖아요.

어쨌든 재미없는 것을 궁극적으로 왜 하는지도 모르면서 하는 건 정말이지 이상한 짓이에요.

혹시 선생님은 아세요?

선생님이 왜 수학을 가르치고 계신지?

대한민국 중고등학생들이 왜 수학공부를 열심히 해야 하는지?

✎ **수학은 (　　　　) 이다.**

왜냐하면 (　　　　) 니까.

↳re 수학은 (양파) 이다.

왜냐하면 (계속 까야 하) 니까.

↳re 수학은 (무지개) 이다.

왜냐하면 (잡으려 해도 잡히지 않으) 니까.

↳re 수학은 (퍼즐) 이다.

왜냐하면 (맞힐수록 기쁘) 니까.

↳re 수학은 (어색한 친구) 이다.

왜냐하면 (멀리하게 되) 니까.

✎ **수학은 왜 배울까요?**

↳re 그러게요 ㅜ_ㅜ.

↳re 대학 가려고.

↳re 교육청에서 필수과목으로 지정해서.

↳re 사고력 증진?

↳re 수학선생님들도 먹고살아야 하니까.

↳re 저도 그게 궁금해요.

〈서울 방송고등학교 설문 응답지 중에서〉

왜 수학을 공부해야 하는가는 참 답하기 어려운 질문입니다. 시간도 많이 걸리고 이해시키기도 쉽지 않죠. 그래서 아마 선생님들이 자기 방식대로 장난스러운 대답을 만드셨을 겁니다. 예를 들면 이렇게요.

"선생님, 시험 범위가 너무 많아요!"
↳re "꼬우면 네가 선생 하렴~ 히히…."
"선생님, 이제 좀 쉬어요! 언제 쉬어요?"
↳re "어… 개구리 뿔날 때!"
"선생님, 공부하기가 너무 힘들어요!"
↳re "공부도 아마 네가 힘들 거야. 아, 불쌍한 공부…."
"선생님, 오늘은 좀 놀아요!"
↳re "그래, 놀자! 이차함수 가지고 신나게 놀자!"

수학을 왜 공부해야 하는가에 대한 답변으로 제가 들은 최고는 이것입니다.

"왜냐하면, 지금 수학을 안 하면 재수해서 1년 더 해야 하니까! 으헤헤!"

장난치지 말고 이제 좀 진지해져볼까요? 좀 길어질지도 모르지만, 아주 중요한 이야기죠. 자기가 왜 이 공부를 하는지 모른 채 억지로 하면 효율이 떨어질 테니까 말입니다.

"수학을 공부하는 이유가 뭔가요?"

음, 이런 질문을 하는 학생들에게 저는 일단 이렇게 반문합니다.

"너, 음악은 왜 공부하는 거라고 생각해? 넌 작곡가가 될 것도 아니잖아. 연주가가 될 거야? 가수가 될 거야? 음악을 쓰면서 살 거니? 아니잖아. 근데 왜 음악선생님께는 음악을 왜 배우냐고 안 물어봐?"

"그거야… 음, 음악은 재미있으니까요."

그런데 그건 '왜 공부하는지'에 대한 대답은 아니죠. 재미없으면 공부를 안 해도 되나요? 그건 아니라고 봅니다.

사실 음악을 공부하는 이유와 수학을 공부하는 이유는 똑같습니다. 하나는 재미있고 다른 하나는 좀 재미없다는 게 다르긴 합니다만.

여러분이 음악을 공부하는 이유는 이 나라에서 어른으로 사는 데 필요한 최소한의 음악적 소양을 기르기 위해서입니다. 음악가가 되려고 배우는 게 아니죠. 체육은 학교에서 왜 공부할까요? 이 나라에서 어른으로 사는 데 필요한 최소한의 체력과 체육지식을 얻기 위해서죠. 운동선수나 코치, 해설가가 되려고 배우는 게 아닙니다. 미술시간에는 스케치도 하고 판화도 하고 수채화도 그리고 미술작품 감상도 하고 세계 미술사조도 배웁니다. 그러면서 어른으로 사는 데 필요한 최소한의 미술적 소양과 미술 지식을 얻는 것이죠. 여러분 중에 학교를 졸업하고도 미술을 계속할 사람이 몇 명이나 되겠어요? 하지만 나라에선 모든 학생들에게 미술을 가르칩니다. 왜일까요? 그래야 서로 말을 섞을 수 있는 보통의 '시민'이 되기 때문입니다.

수학도 마찬가지 입니다.

자, 초성퀴즈를 낼 테니 한번 맞혀보세요.
우리는 수학을 왜 배울까요?

수학을 배우는 이유는

이 나라 국민으로 사는 데 필요한 최소한의

ㄴㄹㅈ ㅅㄱㄹ = ㅎㄹㅈ ㅅㄱㄹ = ㅅㅎㄱ ㅅㄱㄹ을

기르기 위함이다.

알아맞힐 수 있겠어요?
그렇죠! 정답은 '논리적 사고력=합리적 사고력=수학적 사고력'입니다.
사고력이란 무엇일까요? 말 그대로 '생각하는 능력'입니다. 그냥 생각하는 능력이 아니라 논리적으로, 합리적으로, 수학적으로 생각하는 능력이지요.
그것을 키우는 게 수학을 공부하는 이유입니다. 간단히 말하면 수학은 '생각하기'를 배우는 과목입니다. 그런데 이 '생각하기'는 생활의 모든 영역에 적용되는 아주 중요한 것입니다. 모든 과목의 기초가 되기도 하고요.

논리적 사고력이 없으면 어떻게 다른 나라 말의 문법구조를 이해할 수 있겠어요? 합리적 사고력이 없으면 어떻게 도전과 응전의 역사를 연구할 수 있겠어요? 수학적 사고력이 없으면 어떻게 우주를 해석하고 기후변화에 대처할 수 있겠어요?

'생각하기'를 잘 못하면 여러분이 가수가 된다고 해도 여름에는 댄스음악이 유행하고 겨울에는 발라드가 유행한다는 것도 모르고 항상 다른 가수의 뒷북만 칠 수도 있어요. '생각하기'를 잘 못하면 소위 사이비종교에 빠질 위험도 높고, 불법다단계에 사기를 당해 필요도 없는 데다 비싼 온열치료기를 사게 될지도 몰라요. 또 '생각하기'를 잘 못하면 객관적인 척하는 특정 언론의 의도를 일방적으로 주입받게 되고, 자기주장을 박박 우겨대다가 겸손과 솔직함을 잃고 손가락질받는 사회적 바보가 될 수도 있답니다.

그리고 보니 수학이 정말 중요하지 않아요? 공부에서 수학은 운동선수의 달리기나 기초체력단련 같은 거예요. 가장 기본이 되는 과목이란 뜻이죠. 그래서 수학은 학교에서 가장 많이 배우는 과목인 것입니다.

그럼 무엇을 어떻게 생각한다는 것인지, 찬찬히 살펴보기로 합시다. 생각하기란 무엇무엇으로 구성되어 있을까요?

자, 문제를 내보겠습니다. 한번 풀어보세요.

'♣' 이건 뭐게요?   정답은 개입니다.

'★' 이건 뭐죠?   이건 쥐입니다.

'■' 이건 뭐예요?   이건 고양이랍니다.

그럼 '◆' 이건 뭐죠?   ….

                                     뭐긴요! 그건 쥐입니다.

좀 당황스러운가요? 계속 내볼 테니 잘 생각해보세요.

'Ω' 이건 뭐예요?   이건 고양입니다.

'★' 이건 뭐게요?   이건 개입니다.

어? 잠깐. 아까는 쥐라고 하지 않았냐고요?

그러게? 그런데 이번엔 분명히 개입니다. 하하.

자, 힌트를 더 주겠습니다.

'♥' **이건 뭘까요?**　　　　　　　　　**이건 까마귀입니다.**

'♠' **이건 뭐지용?**　　　　　　　　　**이건 도롱뇽이에요.**

아직 답답한가요? 아니면 이제 알겠어요?

다시 한 번 위의 '질문'들을 살펴보세요.

시간을 좀 주겠습니다.

.

.

.

아직도 모르겠나요? 이 문제는 기호와 관계 있는 게 아니랍니다. 질문과 관계가 있죠.

'뭐게요?'라고 물으면 답이 개.

'뭐죠?'라고 물으면 답이 쥐.

'뭐예요?'라고 물으면 답이 고양이입니다.

"에잇!" 하고 짜증을 내는 여러분의 얼굴이 눈에 선합니다.

그런데 왜 갑자기 이런 쓸데없는 문제를 냈냐고요?

아주 짧은 순간이지만 여러분은 지금 수학을 했습니다. '생각하기'를 한 거예요. 맞죠? 여러분은 잠깐 동안 아주 많이 머리를 굴렸습니다. 그게 수학입니다.

그럼 여러분의 머리는 이 문제를 풀면서 무슨 생각을 했을까요?

01 이 기호는 뭘까? 이 문제는 뭘까? (정의 – 개념과 특성)

02 이 기호는 왜 그 동물일까? (이유 – 증명과 풀이)

03 질문과 동물들은 무슨 관계가 있을까? (관계 – 포함이나 크고 작음, 함수 등)

이 정의, 이유, 관계가 바로 생각하기를 구성하는 요소입니다. 자, 하나 더 해볼까요?

자, 답을 알겠어요?

똘똘이가 뭐죠? 맞습니다. 똘똘이의 '정의'는 안경을 낀 아이입니다. 그러므로 혜민이는 똘똘이가 아닙니다. '이유'는 안경을 끼지 않았으니까요. 안경과 똘똘이 사이에는 '관계'가 있습니다! 머리 모양과 성별, 이름과 똘똘이 사이에는 '관계'가 없고요. 수학은 다 이런 식입니다.

이렇게 정의, 이유, 관계를 다루면서 노는 게 수학입니다. 이런 연습을 통해 '생각하는 능력'을 단련시키는 것이죠. 헬스로 근육을 단련시키는 것처럼 수학으로 우리 뇌를 단련시키는 것입니다.

미술시간에는 찰흙, 도화지, 물감, 판화 등으로 갖가지 작품을 만들고, 음악시간에는 악기, 악보, 노래 등을 통해 음악적 소양을 쌓습니다. 수학에도 이렇게 가지고 노는 재료가 있어요.

수, 식, 모임, 그림, 관계, 가능성, 자료.

이런 7가지 재료를 갖고 지지고 볶고 던지고 깨물고 난리를 치면서 생각하기를 연습하는 것입니다.

'수'와 '식'은 가장 기본적인 재료입니다. 수와 식을 가지고 더하고 빼고 곱하고 나누고, 간단히 정리하고 방정식을 풀고, 여러 방면으로 활용합니다.

'모임'이 수학에서는 집합입니다. 집합을 가지고 합집합, 교집합, 차집합 구하기 같은 연산도 하고, 원소의 개수를 구하는 등 여러 가지를 합니다.

수학에서 생각하기 연습을 위해 다루는 '그림'이란 도형입니다. 그림을 가지고 길이를 구하고 넓이를 구하고 각을 구하고 관계를 설정하며 생각하기를 배우고 뇌를 단련시킵니다.

'관계'는 함수입니다. 세상에는 여러

가지 관계가 있고, 그 관계 자체를 합성하고, 뒤집고, 결과를 구하고, 그래프에 나타내면서 복잡한 생각들을 합니다.

'가능성'을 다루는 수학은 확률이고, '자료'를 정리하고 그것의 평균과 표준편차 등을 구하는 수학은 통계입니다.

고학년으로 올라갈수록 이런 재료들을 섞어서 배우게 됩니다. 예를 들어 함수(관계)를 나타내는 방법은 여러 가지가 있습니다. 화살표 그림으로 나타내도 되고, 표로 x와 y의 관계(정확히 말하면 작용)를 나타내기도 합니다. 그리고 그래프를 그려서 그 관계(작용)의 특징을 나타낼 수도 있죠. 그런가 하면 함수를 나타내는 방법 중에는 '식'도 있습니다. 이렇게 함수와 식은 연결됩니다.

또한 함수의 그래프는 그림(도형)과 연결되기도 합니다. 삼각함수를 활용해 삼각형을 해석하기도 하고, 숫자의 반복을 이용해 귀납적으로 명제(진리집합)를 다루기도 합니다. 확률의 계산은 보통 함수식으로 나오고, 이것은 그래프로 그려집니다.

이런 재료들을 다루면서 우리는 생각하기의 최고봉을 경험합니다. '이건 이렇게 되어 이것과 같고, 요렇게 바뀌니까 여기선 이걸 이렇게 표현하면… 아! 결국 이런 결과를 얻겠구나!' 하며 말이죠.

수학공부란 다양한 생각하기 방법들을 배우는 과정이고, 생각하는 속도를 향상시키는 연습입니다. 게다가 이 수학재료들은 생활 속에서 필요한 내용이기도 하고, 여러 직업군에서 필요한 수학적 지식과 기술이기도 하죠.

2001년 9월 11일 항공기가 뉴욕의 세계무역센터 건물에 충돌했습니다. 그 장면을 담은 뉴스를 보고 "와, 엄청나네! 완죤 영화다~."라고만 하면 안 됩니다.

그게 뭔지(정의), 테러인지 전쟁인지 사고인지, 배후세력으로 지목된 알카에다는 왜(이유) 그런 짓을 했는지, 미국과 아랍은 무슨 관계(!)에 있는지…. 이런 것을 생각할 줄 알아야 이 사회를 옳고 강하게 지키는 어른이 될 수 있습니다. 이것이 수학을 공부하는 이유입니다.

세상이 복잡하고 사회가 거대해질수록 생각하는 데도 고급 기술이 필요합니다. 그것을 담당하는 과목이 수학입니다. 그래서 수학이 어려운 것이죠.

수학공부는 청소년 시기에 아주 중요한 일입니다. 수학을 잘하느냐 못하느냐는 별개의 문제입니다. 운동을 좀 못한다고 해서 평생 동안 운동을 안 한다면 그 몸이 어떻게 되겠어요?

수학도 마찬가지입니다. 세상에는 잘하지 못해도 어느 정도의 시간을 할애해야 하는 일이 있습니다. 수학도 분명 그중 하나입니다. 못해도 좋고 틀려도 좋습니다. 못해도, 틀려도 그것을 하는 과정에서 분명 생각하는 연습을 하고 있으니까요!

여러분이 지금 수학을 하고 있다는 것!

그것 자체로 충분합니다.

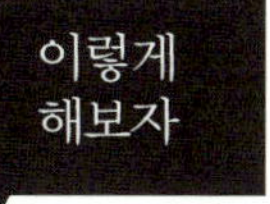

◆ **수학시간에 수시로 이런 생각을 하자.**

"수학은 생각하기야. 1시간만 열심히 생각하자."

"못 풀어도 좋다. 나는 생각하고 있으니까!"

그렇게 자꾸 되뇌면 멍때리는 시간이 훨씬 줄어들 거야!

04

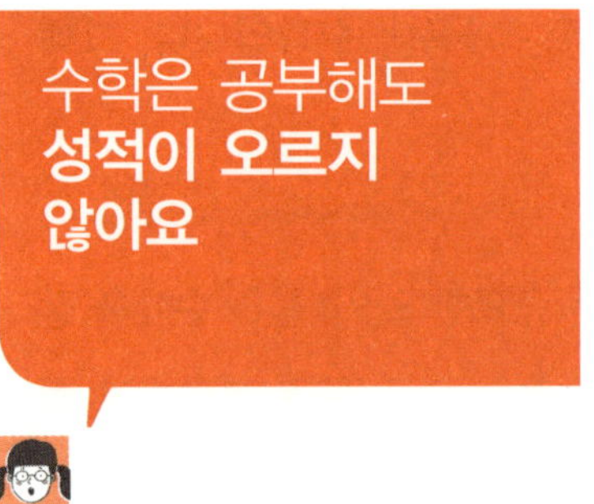

이번엔 수학시험을 잘 보고 싶었습니다. 저번 시험에선 영어공부만 했더니 성적이 많이 올랐어요.

아! 공부하면 되는구나!

욕심이 생겼죠.

그래서 성적 중에 가장 바닥인 수학도 한번 도전해보기로 했습니다. 저, 이번에 수학공부 정말 열심히 했다고요. 그런데 시험 전날 반대표로 농구시합에 나갔던 영민이는 92점이고, 전 63점입니다.

문제를 어렵게 내신 선생님들도 야속하고, 영민이 얼굴을 보면 화가 나고…. 아, 이러다가 정말 성격 버리겠어요.

저, 수학공부를 계속해야 할까요?

아무래도 수학은 포기해야 할 것 같아요.

세상에는 포기란 말을 쉽게 붙일 만한 게 별로 없습니다. 어려서부터 인생에서 '포기'라는 단어는 금기라고 배웠죠. 그래서 이런 말도 있습니다.

"세상 모든 것은 실패했을 때 끝나는 게 아니라 포기했을 때 끝난다."

'포기'는 더 이상 어찌해볼 수 없는 최악의 상황을 스스로 인정하는 나쁜 단어입니다. 그런데 우리나라 학생들이 '포기'란 단어를 유독 많이 갖다 붙이는 것이 있어요. 바로 수학입니다. 학생들과 이야기를 해보면 이런 말들을 아주 쉽게 합니다.

"전 중학교 들어갈 때부터 수학은 아예 포기했어요."
"전 고등학교 1학년 말부터 수학을 놓아버렸죠. 그 시간에 차라리 다른 걸 하는 게 낫겠더라고요."

신문보도에 따르면 고3의 60%가 수학을 포기한다고 합니다. 하지만 보도된 비율은 인문계고 학생들의 이야기고, 이것도 현장에서 피부로 느끼는 것보다는 수치가 현저히 낮습니다. 단언컨대 우리 학생들 중 적어도 90%는 결국 수학을 포기합니다.

그런데 수학을 포기하지 않는 10%의 학생들도 대부분 한두 단원쯤은 포기해버립니다. 거의 모든 대한민국 고3 수험생들은 '확률과 통계' 단원을 포기합니다. 여기에 덧붙여 어떤 학생들은 '미적분'을 포기하고, 어떤 학생들은 '삼각함수(사인, 코사인, 탄젠트)'가 들어간 문제는 쳐다보지도 않습니다.

사정이 이렇기 때문에 수학은 중간층이 별로 없는 과목이기도 합니다. 우리나라 학생들은 국제 수학 올림피아드에서 상위권을 수상할 정도로 수학을 아주 잘하거나, 아니면 아예 수학을 못합니다. 그렇기 때문에 단순 효율 면에서 생각해보면 사실 투자에 비해 상대적으로 더 좋은 대우를 받을 수 있는 과목이 바로 수학입니다. 어느 정도만 해도 등급에 혜택이 많다는 것이죠. 수능에서 수리영역이란 '아주 잘 찍으면 4등급도 가능한' 이상한 영역입니다.

그런데 왜 다들 수학을 포기할까요?

첫째, 수학이란 게 공부하기가 결코 쉽지 않고, 둘째, 남들도 많이 포기하니까 포기하는 게 그리 큰 문제처럼 느껴지지 않습니다. 하지만 더 근본적이고 실질적인 이유는 바로 이것입니다. 수학이란 과목은 공부를 해도 실력이 늘지 않는다는 것!

수학과 다른 과목의 '공부의 양과 실력'을 그래프로 나타내면 다음과 같습니다.

다른 과목은 투여한 공부의 양에 비례해서 성적이 오릅니다. 특히 성적이 낮은 상태에서는 올리기가 아주 쉽습니다. 조금만 공부해도 중위권까지 성적을 올릴 수 있죠. 학습내용이 제각기 독립적이어서 하나를 익히면 그것 하나가 그대로 시험에 나오기 때문입니다.

예를 들어 다음과 같은 고등학교 2학년 국사문제를 한번 봅시다.

 일정한 기금을 마련해 그 이자로 빈민을 구제하기 위해 설치했던 고려시대의 사회기구는 무엇인가?

① 향청 ② 제위보 ③ 사간원 ④ 혜민국 ⑤ 의금부

정답은 ②번 제위보이고, 이 문제를 풀려면 한 가지 지식만 알면 됩니다. 그리고 질문과 답 사이에 어떤 과정도 없이 직접적으로 연결돼 있죠. 만약 이 내용을 공부했다면 시험 볼 때 '기억'만 해내면 됩니다.

물론 이것은 극단적인 예입니다. 요즘은 이른바 암기과목의 시험문제도 여러 가지를 생각해야만 풀 수 있게 출제합니다. 이것은 수능의 영향이기도 하고, 상대평가라는 제도 때문이기도 합니다. 머리를 써야 풀 수 있는 문제를 출제하지 않으면 등급을 나누기 어려우니까요.

그렇다고는 해도 어느 정도 열심히 공부하면 '기억'에 의해 풀 수 있는 문제들이죠.

하지만 수학의 경우는 다릅니다. '기억' 가지고는 해결이 안 되니까요. 처음에는 아무리 공부를 해도 수학성적이 오르지 않습니다. 그러다 어느 순간이 되면 비로소 한꺼번에 확 오르죠. 대부분은 그때를 기다리지 못하고 중도에 포기합니다. 공부를 아무리 해도 성적이 오르지 않는다고 투덜대면서 말이죠. 조금만 더 기다리면 눈에 띄게 실력이 향상되는데… 정말 안타까운

일입니다.

그렇다면 수학성적은 왜 쉽게 오르지 않을까요?

다음 중학교 2학년 수학문제를 봅시다.

문제 어떤 사람이 18km의 거리를 가는데, 처음 시속 4km로 걷다가 중간에서 오르막길이 되어 시속 3km로 걸어서 모두 5시간이 걸렸다고 한다. 오르막길의 거리를 구하여라.

이 문제를 풀려면 어떻게 해야 할까요?

01 일단 속도의 개념, 즉 거리와 시간과 속도 사이의 관계를 알아야 합니다.

← 거리는 시간과 속도의 곱입니다.

02 문장을 해석해야 합니다.

← 그림을 그려 단순화해야 합니다.

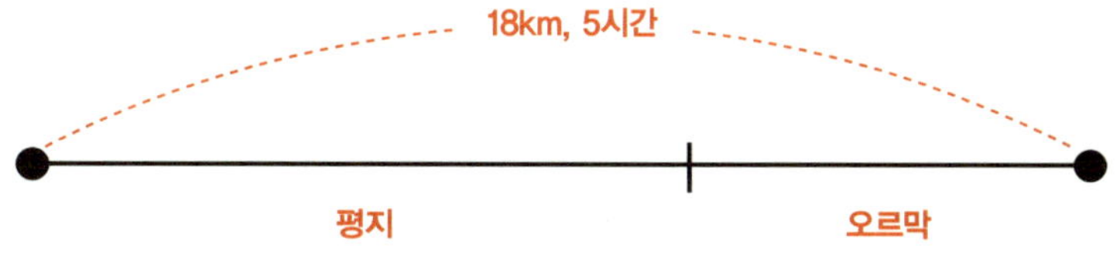

03 오르막길의 거리를 미지수로 놓고, 조건을 이용하고, 시간은 거리/속도라는 것을 이용해 식을 세워야 합니다.

$$\frac{18-x}{4}+\frac{x}{3}=5$$

04 양변에 같은 것을 곱해도 등식은 성립한다는 '등식의 성질'과 최소공배수를 이용해 식을 간단히 합니다.

$$54-3x+4x=60$$

05 일차방정식을 풉니다.

← 일차방정식을 풀 때, 등식의 성질에 따라 숫자를 등호 너머로 넘기면 부호가 바뀐다는 것을 알아야 합니다.

$-3x+4x$가 x가 된다는 것도 알고 있어야 합니다.

06 $x=6$이라는 결론을 얻었지만 이것은 답이 아닙니다. 거리를 묻는 문제이므로 단위를 붙여야 합니다.

답은 6km.

이렇게 수학문제 하나를 풀려면 참 많은 것을 알고 있어야 합니다. 하나만 몰라도 이 문제를 풀 수 없습니다. 여기에 '분'과 '시간'을 가지고 시간단위를 다르게 해서 조금 더 어렵게 낸다거나, 숫자를 딱 떨어지지 않게 하면 답을 맞힐 확률은 더 낮아지죠.

그림에서 어느 하나만 없어도 피라미드는 무너집니다. 문제를 풀 수 없게 되는 것이죠. 그러니까 수학에선 한 문제 맞히기

가 참 힘들 수밖에요.

그런데 이 한 문제를 풀 수 있으면 어떻게 될까요? 예를 들어 앞의 항목 중에 '최소공배수를 활용해서 분수식을 간단히 하는 것'을 완전히 알고 있다면, 그 항목은 다른 문제에서도 좋은 배경지식이 됩니다. 그러므로 이제 새로 알거나 익혀야 하는 것이 줄어들죠.

수학문제는 한 문제를 풀기가 어렵지만, 역으로 한 문제를 풀 수 있으면 다른 문제도 풀 수 있는 가능성이 커진다는 것입니다. 그렇기 때문에 앞에서 나온 수학 학습 그래프처럼 어느 한순간 괄목할 만한 실력향상이 일어나죠. 기본적인 항목들을 거의 완전히 학습한 단계가 되는 것입니다.

게다가 수학은 한번 올라가면 내려오지 않습니다. 다른 과목

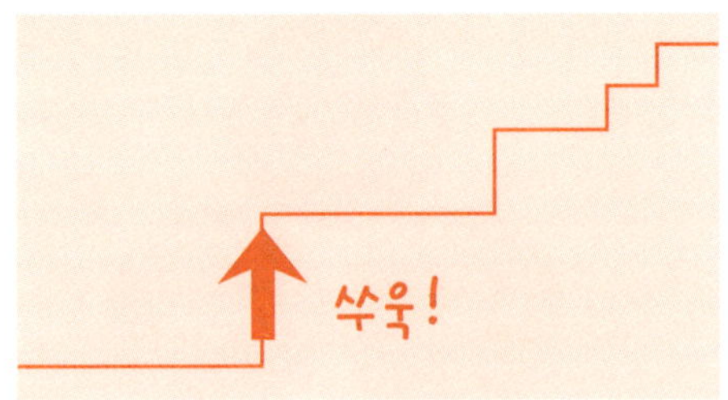

들은 조금만 공부를 소홀히 해도 다시 그래프를 따라 미끄러지기 쉽지만, 수학은 올라가기가 힘든 만큼 잘 내려오지도 않습니다.

수학은 자전거 타기와 같습니다. 어떤 친구가 자전거를 배워 잘 타고 다니다가 자전거를 도둑맞았습니다. 그래서 1년 동안 자전거를 타지 못했습니다. 그러다 1년 후 생일선물로 새 자전거를 받았습니다. 그 친구는 자전거를 탈 수 있을까요, 없을까요? 잘 탑니다. 잠시 주춤주춤하다가 어느새 균형을 잡고 잘 타죠.

앞서 질문한 친구가 질투하는 영민이는 이미 어느 정도의 단계에 올라 있는 학생입니다. 하루 이틀 공부를 덜 한다고 시험을 망치지는 않습니다. 수학은 잘하기가 힘든 만큼 한번 자리가 잡히면 적은 노력에도 큰 효율을 볼 수 있는 과목입니다.

포기는 수학의 최대 적입니다.

지금까지의 노력을 수포로 돌리는 일이고, 곧 자신에게 다가올 영광을 버리는 행위입니다. 다른 것과 마찬가지로 수학에도 포기라는 말을 함부로 쓰면 안 됩니다.

많이 힘들면 천천히 하면 됩니다. 좀 쉬었다가 공부해도 됩니다. '모 아니면 도'라는 식으로 생각하는 것은 바보 같은 짓입니다. 수학과의 관계를 잘 유지하면서 끝까지 완주하는 것이 수학공부를 잘하는 최고의 비결입니다.

- **수학을 포기했다는 말은 하지 말자.**
  '포기'는 배추를 세는 단어야.
- **본문의 그래프에 나는 어디쯤 와 있나 표시해보자.**
  조금만 더 공부하면 다음 단계로 올라간다!
- **포기하는 단원은 만들지 말자. 그저 좀 약한 단원일 뿐!**

05

아, 제발 수학시간에 저 좀 시키지 말아주세요. 앉아서는 어느 정도 풀겠는데, 나가서 칠판에 푸는 것은 도저히 못하겠어요. 제가 11번인데, 1일이나 11일이나 21일이나 31일이 되면 아침에 수학 들었나 시간표부터 본다고요.

그리고 이런 식이면 불공평하잖아요. 31일 다음에 1일이란 말이에요! 막 항의하면 달력이 그렇게 생긴 걸 어떻게 하냐고 하시고. 아, 진짜 너무해요!

그리고 제가 문제 풀 때 옆에서 쳐다보고 계시지 않았으면 좋겠어요. 선생님이 보고 있으면 더 못 풀겠거든요. 알고 있다고 그래도 꼬치꼬치 물으시고….

왜 그러세요? 선생님은 정말 못된 분 같아요.

‘고소공포증’이란 게 있습니다. 고소공포증이 있는 사람은 높은 곳에 올라가면 공포를 느끼죠. 그래서 이런 사람들은 비행기를 타지 못합니다. 새를 보면 공포를 느끼는 사람도 있습니다. 제 주위에도 한 사람 있는데, 이 친구는 비둘기가 모여 있으면 그곳을 지나가지 못합니다. 제게는 풍선공포증이 있죠. 풍선이 옆에 있으면 아무것도 못합니다. 터질까봐요.

혹시 ‘수학공포증’이란 말 들어보았나요? 이게 심리학적으로나 의학적으로 공인된 용어인지는 모르겠습니다. 하지만 인터넷 검색을 해보면 아주 광범위하게 사용되는 용어라는 것을 알 수 있습니다.

수학공포증의 증상은 다음과 같습니다.

일단 수학을 기피합니다. 수학공부를 하는 게 싫고, 해도 도대체 공부가 안 됩니다. 학원 중에도 수학학원에 가는 걸 가장 싫어합니다. 웬만하면 다른 공부를 먼저 하고, 수학은 점점 순위가 밀려나서 여러 가지 이유로 결국 하지 않습니다. 심지어 다음 날 수학시험을 보는데 그 공부는 안하고 그다음 날의 다른 과목을 공부하기도 합니다.

수학 기피증세가 심해지면 혐오단계로 넘어갑니다.

그다음은 공포단계입니다.

공포단계의 마지막 증상이 실제로 눈에 보일 만큼 나타나는 학생이 과연 있을까 싶습니다. 약간 과장된 표현이라고 생각할 수도 있겠죠. 그런데 학생들에게 "혹시 수학문제를 읽으면 식은땀이 나고, 손이 떨리고, 속이 메스껍고, 머리가 아픈 사람?" 하면 나름대로 진지하게 손을 드는 학생들이 꽤 있습니다.

제가 보기에 수학공포증은 단지 몇몇 학생들의 문제가 아닙니다. 거의 모든 학생들이 초기 단계인 기피증에 해당합니다.

혹시 이런저런 이유로 수학공부를 회피하고 있지는 않나요?

제목: 수학공포증

자기 자신을 자책하거나 수학이라는 과목에 화를 내고 있지는 않나요? 계산실수에 대해 과도하게 반응하거나 수학학원에 가기 전 몹시 괴로워하진 않나요? 수학시험 전날이면 다른 날보다 더 눈에 띄게 스트레스를 받고 신경질을 내진 않나요?

아마 일부 학생을 빼고는 거의 모든 학생들이 이 가운데 몇 가지 모습을 보일 것입니다. 그렇다면 수학공포증의 원인은 무엇일까요? 왜 수학을 두려워할까요?

제 생각에는 어렸을 때부터 차곡차곡 쌓여온 '실패'의 경험 때문인 것 같습니다.

어려서부터 엄마는 계속 더하기나 빼기를 물어봅니다. 귀찮거나 생각을 못해서 대답을 안 하면 엄마의 표정이 달라집니다. 그러면 내가 뭔가 잘못을 한 것 같습니다.

유치원에서도 마찬가지입니다. 선생님이 자꾸 물어봅니다. 그런데 한두 번 틀리고 나니 뭔가 창피합니다. 옆에서 막 큰 소리로 답을 외치는 친구를 보면 시무룩해집니다.

학교에 입학하니 더 많은 수학문제가 기다리고 있습니다. 수학시간마다 선생님은 아이들에게 '나와서' 문제를 풀어보라고 합니다. 다른 과목은 안 그런데 유독 수학만 그렇습니다.

나는 많은 친구들 앞에서 문제를 풀어야 합니다. 잘 풀면 괜찮지만, 못 풀면 몹시 창피합니다. 다른 친구는 따닥따닥 소리를 내며 풀이를 쓰고는 휙 돌아 웃으며 자기 자리로 갑니다. 혼자 남은 나는 눈앞이 흐려지고 귀가 먹먹해집니다. 비웃는 아이들의 얼굴이 보이는 것 같고, 선생님의 눈초리도 매섭기만 합니다.

수학문제를 잘 푸는 학생은 이런 말을 듣습니다.

"야, 잘 푸네. 머리 좋은데?"

"너 서울대 가겠다!"

그 칭찬이 나를 향한 것이면 참 좋겠지만, 그렇지 않다면 아주 속상한 일입니다.

이제 수학문제는 더 이상 수학문제가 아닙니다. 엄마의 '자랑’이냐 ‘실망’이냐를 가르는 관문이고, 자신의 머리가 좋은가 나쁜가를 판단하는 기준이며, 미래에 갈 대학을 결정하는 잣대 입니다. 그러니 수학문제를 틀리는 게 여간 괴로운 일이 아닙 니다.

하지만 다시 한 번 생각해봅시다. 처음부터 모든 문제를 실패 없이 다 푸는 사람이 있을까요? 수학은 무조건 실패를 해야 앞으로 나아갈 수 있는 학문입니다. 수학에서 실패는 필수입니다. 실패를 두려워하면 더 이상 수학공부를 할 수 없습니다. 실패는 수학을 잘하기 위해 반드시 밟아 올라가야 할 수없이 많은 계단인 것입니다.

저는 수업시간에 앞에 나와서 문제를 푸는 학생들에게 틀려도 상관없다고, 오히려 틀려야 한다고 말해줍니다. 수학을 잘하려면 자신이 틀릴 문제를 많이 풀어야 하고, 그러니 당연히 틀려야 좋은 것입니다.

“틀려야 알 수 있다. 알았지? 그러니까 틀려! 자, 이 문제 틀릴 사람?”

“저요!”

그렇습니다. 수학은 주어진 문제의 답을 구하는 것이 다가 아닙니다. 그 문제는 그저 풀라고 낸 것이 아닙니다. 문제를 풀면서 수학적 개념과 사고방법을 배우게 하려는 것입니다. 적어도 시험을 제외한 학습과정의 문제는 모두 그렇습니다. 그러니 많이 틀리는 게 좋다는 말입니다.

이렇게 생각해봅시다.

"100문제 틀리면 한 문제 맞는다! 지금까지 67문제 틀렸으니, 이제 34문제만 더 틀리면 한 문제 맞는다! 와, 또 틀렸다! 만세!"

좀 과장된 표현일까요? 하지만 생각해보면 아주 명백한 사실입니다.

실패를 많이 하면 성적이 오릅니다! 그러니 실패를 두려워하지 마세요. 창피해하지도 말고요. 창피하다고 자꾸 회피하면 점점 더 창피해집니다. 모른다는 것은 창피한 일이 아닙니다. 알려고 하지 않는 게 창피한 일이죠.

자, 이제 자신의 실패를 광고해봅시다. 틀렸다고 풀이를 손으로 가리지 마세요! 잘 정리해서 친구나 선생님에게 보여주는 겁니다. 그리고 배우세요. 실패한 게 많을수록 공부할 것도 많아집니다.

틀려도 좋으니 나서서 칠판에 나가 문제를 풉시다. 틀리면 어떻습니까? 다음에 맞으면 되죠. 설사 좀 혼나면 어때요. 혼나면서 입을 꾹 다물고 고개를 끄덕이는 겁니다. 그러면 됩니다. 그래야 합니다.

그렇게 오랫동안 노력하다보면 어느 순간 선생님과 반 친구들의 박수를 받으며 제자리로 돌아가는 자신을 발견할 것입니다. 그때 친구들에게 웃으면서 손을 흔들어줍시다! 나 좀 멋지지 않니?

- ◆ **수학 말고 내가 잘하는 것을 생각하자.**

  "내가 수학은 쟤보다 못하지만, 탁구는 잘해."

  "난 그림을 잘 그리니까."

  "노래는 아마 내가 반에서 세 손가락 안에 들걸?"

  수학만 잘한다고 장땡이 아니다!

  자신감을 가지자! 쫄지 마!

- ◆ **수업시간에 나서서 대답하자.**

  처음엔 좀 구박받을지 모르지만, 점점 더 수업이 재미있어질걸?

- ◆ **자기가 모르는 걸 광고하자.**

  우물쭈물하지 말고 모르면 모른다고 해.

  그래야 친구나 선생님이 정확히 알고 가르쳐주잖아.

  자기가 푼 풀이, 손으로 가리지 말고!

06

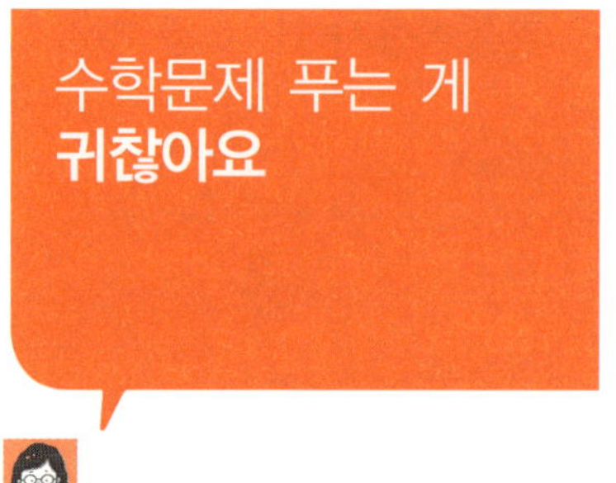

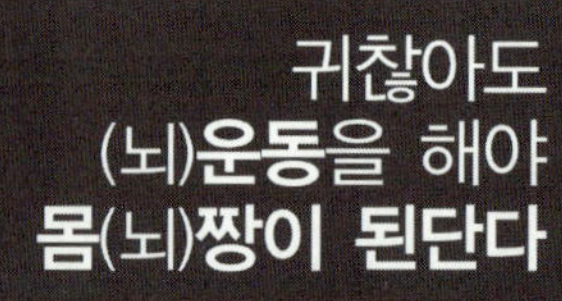

문제를 보면 어떻게 푸는지 알겠어요. 선생님이 말씀하신 대로 이렇게 저렇게 하면 답이 나오겠죠. 근데 그걸 내가 하려고 하면 한숨이 나와요.

이걸 언제 다 계산하지?

어떻게 푸는지 아는 문제인데 내가 꼭 직접 해봐야 할 필요가 있나?

그런 생각이 들어요.

선생님이 검사를 한다니까 풀긴 푸는데 막 짜증이 나요. 푸는 과정에서 계산도 해야 하고, 답답하고….

"자! 이제 어떻게 답을 구해야 하는지 알겠지? 74페이지 문제 3번과 4번을 공책에 푼다. 그리고 다 푼 사람은 도장 받으세요!"

수업시간에 예제를 풀어주고, 같은 유형의 딸림 문제를 풀어보라고 합니다. 그러면 어느 반에서든 똑같은 소리가 들립니다. 한숨소리죠.

수학공부를 하겠다고 결심하고는 이 '연습'에 소홀한 사람이 의외로 많습니다. 아는 게 중요하지 연습이 뭐가 중요하냐는 것이죠. 하지만 그렇지 않습니다.

수학공부는 헬스와 같습니다.

예를 들어 복근운동을 하는 운동기계가 있다고 합시다. 헬스강사가 그 기계를 어떻게 사용하는지 아무리 잘 가르쳐주어도 그 기계를 본인이 직접 사용해 복근운동을 해야만 식스팩을 만들 수 있습니다. 그런 노력 없이는 찬란한 복근을 기대할 수 없죠.

물론 기계를 이용해 운동하는 것은 여간 괴로운 일이 아닙니다. 어깻죽지는 떨리고 다리는 후들거리죠. 하지만 이것은 꼭 필요한 과정입니다. 그런 고통 없이 어떻게 건강한 몸을 만들 수 있겠습니까.

헬스의 고통은 모름지기 땀을 흘리며 즐겨야(!) 하는 것입니다. 수학도 이와 마찬가지입니다. 선생님의 풀이방법을 자기 스스로 여러 번 연습해보아야 합니다. 하나의 문제유형에 완전히 익숙해질 때까지 똑같은 유형의 문제를 반복해서 여러 번 풀어봐야 하는 것이죠. 그래야 뇌에 빛나는 근육이 생깁니다.

물론 문제풀이가 어렵다는 것은 알고 있습니다. 식을 세우고, 풀고, 나온 값이 답으로 합당한지 확인을 거듭해야 하는 지난한 과정입니다. 하지만 당연한 과정입니다. 그 과정 자체가 수학이며 운동이죠.

사실, 여러분 중에는 당장의 문제연습보다는 좀 더 기초적이고 기본적인 속도 트레이닝이 필요한 친구들이 많습니다. '옳은 방법'과 '실수를 안 하는 정확성'도 중요하지만, 수학에서 그것만큼 중요한 것이 바로 '속도'입니다.

앞서 수학은 '생각하기'를 공부하는 과목이라고 했습니다. 그런데 그 생각하기에는 여러 단계와 차원이 있습니다. 앞 단계의 생각하기를 빨리 하지 못하면 더 높은 차원의 생각하기가 느려질 수밖에 없습니다. 그러면 다른 학생들과 보조를 맞춰 수업 내용을 따라갈 수 없죠.

다른 학생은 이미 문제를 다 풀었는데, 한 학생이 초등학교 때 배운 분수계산이 느려서 아직 한 문제도 끝내지 못하고 있다면 어떨까요? 그 학생은 중학교 과정을 따라가기 힘듭니다. 그 학생이 분수계산을 못하는 것은 아닙니다. 할 수는 있는데, 연습을 충분히 하지 않아 속도가 늦고 정확성이 떨어지는 것입니다.

그런 학생은 빨리 분수계산에 대한 '연습'을 해야 합니다. 그래야 다음 과정을 충실히 밟을 수 있습니다. 수업시간에 선생님이 그 학생을 위해 마냥 기다려줄 수는 없으니까요.

참고로 시중에는 기본적인 계산을 연습하는 문제집이 나와 있습니다. 정해진 수의 문제를 푸는 데 걸리는 시간을 측정하는 문제집도 있습니다. 기초가 부족한 학생은 이런 문제집을 이용해 '계산속도'를 꼭 향상시켜야 합니다.

속도가 향상되면 지금 진도를 나가는 문제가 지겹게 느껴지지 않고 푸는 맛을 느낄 수 있을 것입니다. 풀이 전체의 과정이 별로 무섭지 않게 되죠.

80kg 역기를 들지 못한다고 바라보기만 해서는 영영 들 수 없습니다. 힘이 들지만 계속 들려고 노력하면 어느 순간 번쩍 드는 날이 올 것입니다. 자세를 바로하고, 근육 하나하나에 힘을 주며, 자신의 행동에 집중하고, 같은 동작을 끈질기게 반복 또 반복하십시오. 마침내 튼튼해져 있는 뇌를 발견하게 될 것입니다.

땀을 흘립시다!

건투를 빕니다.

* **수학문제를 윗몸일으키기라고 생각해보자.**

  멋진 몸매를 위해서는 하나하나 참고 해야 하듯이,

  그렇게 수학도 연습이 필요해. 자, 으랏차!

* **같은 유형의 문제라도 여러 번 반복하면서 속도를 높이자.**

  기본적인 문제를 5개 놓고 풀기 연습.

  스톱워치를 준비하는 게 좋겠군.

  잊지 마. 수학은 아는 것도 중요하고 정확성도 중요하지만,

  속도도 아주 중요하다는 걸!

07

전 중학교 때 좀 나가는(?) 학생이었습니다. 오토바이도 타고 다니고, 가출도 몇 번 했죠. 어느 날 보니 내가 봐도 내가 이상해져 있었어요. 괜히 애들을 때리고, 일부러 어른들한테 못되게 굴고….

고등학교 입학하면서부터 정신을 차렸습니다. 마음먹고 공부를 시작했는데 의외로 재미있었죠. 그런데 아무리 해도 수학만은 감을 못 잡겠어요. 억지로 어느 정도 알아듣긴 하지만, 아이들이 당연하게 생각하는 것을 저는 자꾸 물어보게 돼요. 그러자니 짝꿍한테도 미안합니다.

아무래도 너무 늦게 정신을 차린 것 같아요.

개인적으로 문제풀이를 가르치다보면 아주 간단한 질문에도 당황하는 친구들이 가끔 있습니다. 그 단원의 문제를 다루려면 당연히 알아야 하는 기본개념을 모르고 있는 것이죠.

뒤늦게 공부하리라 마음먹고 덤벼들어 웬만큼 따라가긴 하는데, 간혹 자신의 질문에 친구들이 '이걸 몰라?' 하는 표정을 짓기라도 하면 스스로 깜짝 놀랍니다. 마치 고급 호텔 레스토랑에 처음 간 사람이 아주 익숙한 것처럼 행동하다가, 여러 개의 나이프와 포크가 있는 것을 발견하고 어느 것을 사용해야 할지 몰라 망설이며 눈치를 보는 것 같습니다.

남모르게 힘들어하는 심정, 잘 압니다. 친구들의 표정은 점점 변하고, 자신의 적극적인 태도에 호감을 보이던 수학선생님도 가끔 의아해하며 의심하기 시작하는 것 같습니다.

하지만 꿋꿋해야 합니다. 창피해하지 말아야 합니다. 어쩔 수 없습니다. 세상에는 공짜가 없습니다. 그때 안 했던 걸 지금 하려니 그럴 수밖에요.

그럴 때는 남들 두 배의 노력이 필요합니다. 자기 혼자 이전 학년의 문제를 풀어봐야 합니다. 물론 어렵지만, 꼭 넘어야 하는 벽입니다.

앞에서 예로 든 레스토랑의 상황이라면 어떻게 해야 할까요? 우물쭈물 눈치를 보며 앞사람을 따라 하면 없어 보입니다. 그러다 그 사람이 기침하는 것까지 따라 하게 됩니다. 흉내는 단지 흉내일 뿐입니다. 그보다는 이렇게 묻는 사람이 더 멋집니다.

"어? 저, 솔직히 이렇게 포크와 나이프가 많이 나오는 건 처음이에요. 죄송한데, 이거 어떻게 사용하는지 알려주시겠어요?"

제가 생활신조로 삼고 있는 것이 '겸손'과 '솔직함'입니다. 위기에 닥쳤을 때 겸손하고 솔직하면 모든 게 해결됩니다. 괜히 남과 스스로를 속이며 '~척'하면 일이 더 힘들어지죠.

수학공부도 마찬가지입니다. 가장 중요한 것은 자기 스스로에게 솔직한 것이겠죠. 자신이 어떤 상태인지 명확히 인지해야 합니다.

새로 배우는 내용은 이해가 가는데, 이전에 배운 개념들이 나오면 잘 모르나요? 전체적으로 무슨 이야기인지 알겠고 문제도 풀 수 있을 것 같은데, 막상 풀면 여러 군데에서 막히나요?

기초가 약한 것에도 여러 단계가 있습니다. 기초적인 계산능력이 없는 학생, 전년도에 배운 수학 내용이 전반적으로 약한 학생, 함수 등 특별한 단원에 약한 학생….

그중 특별한 단원에 약한 학생은 전년도의 내용 중 그 부분을 공부하면 됩니다. 사실 이런 학생은 기초가 없다고 말할 수도 없습니다. 아주 기초가 없는 학생, 계산능력이 떨어지는 학생은 수와 식을 다루는 단원을 집중적으로 하는 게 좋습니다. 이 부분을 어려운 말로 '대수'라고 하는데, 여러분에게 꼭 필요한 용어는 아닙니다.

전년도에 배운 내용을 모두 공부하기는 아무래도 현실적으로 어렵습니다. 이때 수와 식은 다른 단원의 기초가 됩니다. 그러므로 이 단원을 튼튼히 해놓으면 현재의 진도를 따라가는 데 큰 도움이 되죠.

전년도의 수와 식 단원을 찾아 공부하세요. 기초가 많이 부족한 학생들은 전전년도의 수와 식 단원을 찾아 공부하는 것도 좋습니다. 고등학생이라면 중학교의 단원을 찾아보는 게 좋습니다. 참고서나 문제집을 사는 것도 한 방법이겠지만, 자기가 보던 교과서를 복습하는 것도 좋은 방법입니다. 아무래도 눈에 익으니까 어렴풋이 그때의 기억이 날 수도 있잖아요.

다른 사람의 눈이 의식된다면 집에서 혼자 시간을 내서 공부하십시오. 시험공부 기간을 빼고 나머지 시간에 틈틈이 공부하면 됩니다.

이런 말이 있습니다.

"고등학교 수학의 기초가 중학교 3학년 수학에 다 있다."

"중학교 수학의 기초가 초등학교 6학년 수학에 다 있다."

이 말은 사실입니다. 실제로 각급학교 마지막 학년의 수학 내용은 각급의 수학 내용을 총망라한 최고수준의 내용입니다. 또한 다음 급의 내용을 미리 소개하는 내용이기도 합니다.

그래서 다음 급의 학교로 올라갈 경우, 그전 급의 학교에서 배운 내용을 어느 정도 반복할 수밖에 없습니다. 물론 초등학교 6학년과 중학교, 중학교 3학년과 고등학교 수학 내용의 연계가 100% 정확한 것은 아닙니다. 엄밀성을 따지는 교수들은 아니라고 말할 수도 있습니다.

하지만 현직교사가 보기에는 거의 그렇습니다. 고등학교 수학의 중요한 기초는 거의 중학교 3학년 수학에 있으며, 중학교 수학의 중요한 기초는 초등학교 6학년 수학에 있습니다.

방학을 활용하거나 학기 중에 따로 시간을 내서 기초를 다지고 싶어하는 하위권 학생들에게는 이렇게 조언하고 싶습니다.

고등학생이면 중학교 3학년의 내용을 한 번 독파하십시오.

중학생이라면 초등학교 6학년의 내용을 한 번 독파하십시오.

이것은 중위권 이상의 학생들에게는 필요 없는 조언이지만, 하위권 학생들에게는 기초를 다지는 아주 효율적인 방법이 될 것입니다. 시간도 별로 많이 걸리지 않습니다. 이미 아는 내용도 많을 테니까요.

아주 기본적인 내용은 넘어가되, 계산연습만은 게을리하지 마십시오. 생각보다 여러 유형이 있으니 그것을 다 경험해보는 것이 필요합니다. 다만 통계 부분은 굳이 하지 않아도 됩니다. 어차피 고등학교 때 개념부터 다시 시작하니까요.

좀 늦었어도 옆에 두고 계속해야 하는 과목이 수학입니다. 반드시 1등을 하려고 공부하는 게 아니지 않습니까. 뒤늦게 수학공부를 하기로 마음먹은 학생들의 결심이 계속 이어지기를 바랍니다. 그러면 됩니다.

수학의 기초가 없는 학생 여러분!

수학공부를 하기로 결심했다면 이미 여러분은 승리자입니다. 용기 있고 멋진 사람입니다. 여러분의 용기에 찬사를 보냅니다.

파이팅입니다!

- **늦게라도 다시 시작한 것이 천만다행이다.**

  힘들다고?

  그럼 쉬었다가, 내일 아침 다시 시작하면 된다! 아자!

- **숨기지 말고 당당하게!**

  "솔직히 나 이거 몰라! 중학교 때 놀았거든!"

- **기초가 어떻게 약한지 파악하자.**

  | 아예 아무것도 모르겠고 기본계산도 못한다면?

  ↳ 전년도, 전전년도, 특히 중학교의 수와 식 부분 공부하기!

  | 바닥은 아니지만 하위권에 해당하고

  전반적으로 모든 단원의 기초가 약하다면?

  ↳ 고등학생이라면 중학교 3학년, 중학생이라면

  초등학교 6학년 내용을 빠른 시일 안에 독파!

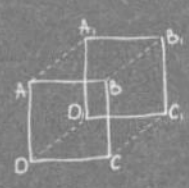

수학공부 실전비법

비법을 알려주마!

08

문제를 풀고 나서 답을 맞춰보면 꼭 틀려요. 전체적인 과정은 아는데, 중간에 실수를 하는 게 너무 많아요. 단순한 계산실수도 있고, 착각해서 엉뚱한 것을 구하는 경우도 있고요.

제가 풀어놓은 것을 다시 보면 막 짜증이 납니다. 이걸 내가 왜 틀렸을까, 스스로에게 화가 나는 거죠.

시험 볼 때도 마찬가지예요. 서술형 문제는 끝까지 잘 가는 경우가 없어요. 언제나 부분 점수만 받습니다. 객관식도 기껏 풀었는데 보기에 답이 없으면 난감합니다.

실수 때문에 속상해 죽을 것 같아요.
실수를 줄이는 방법이 없을까요, 선생님?

시험을 앞두고 진도를 다 나가 자습할 시간을 주면, 몇몇 학생들이 질문을 합니다. 자기가 풀어서 나온 값이 정답이 아닌데 왜 그런지 이해가 안 간다는 것이죠. 그 학생의 풀이를 자세히 보면, 중간에 약간 실수를 한 것이 눈에 띕니다. 예를 들어 마이너스 부호를 빼먹었다거나, 중간에 문자 하나를 잘못 써서 생기는 실수죠. 그런데 그 실수 때문에 결과는 완전히 달라집니다. 풀이가 전혀 엉뚱한 쪽으로 가니까요.

그 실수를 지적해주면 유독 울상이 되는 학생들이 있습니다.

"아, 맞아! 제가 왜 이렇게 했죠? 미쳤나봐."

땅이 꺼져라 한숨을 쉬고는 처진 어깨로 자리에 돌아갑니다. 실수 스트레스를 많이 받는 이런 학생들은 자칫 공부에 대한 의욕을 잃을 수 있어요. 실수를 또 할지 모른다는 강박에 예민해지고, 자기 자신에 대한 불신이 마음속 깊이 자랍니다.

이런 학생들이 주로 하는 착각이 있습니다. 자기만 실수를 한다고 생각하는 것이죠. 하지만 그것은 말 그대로 착각입니다.

실수는 누구나 합니다.

사람은 수학 풀이에서뿐 아니라 인생을 통해 엄청나게 많은 실수를 하며 살아갑니다. 한 번도 실수를 한 적이 없다고요? 그 말이 실수네요! 단언컨대 그런 사람은 세상에 없습니다.

문제는 실수가 아니라 실수를 대하는 태도입니다.

자신의 실수를 무슨 엄청난 사건이라도 일어난 것처럼, 아니면 자기에게 치료할 수 없는 태생적 결함이 있는 것처럼 대하면 안 된다는 것입니다.

어떤 학생은 문제를 풀 때 실수가 주는 상처에 괴로워하며 다시 실수를 할까봐 문제 하나하나에 안절부절못합니다. 반면 어떤 학생은 정기고사에서 실수를 해 점수를 많이 잃어도 굳게 입을 다물고 자신이 실수한 문제를 뚫어져라 쳐다봅니다. 그리고 친구의 위로에 웃으면서 대답하죠.

"뭐, 어쩔 수 없지. 되돌릴 수 없잖아. 괜찮아."

실수는 과정입니다.

실수는 더 큰 실수를 막기 위한 예방주사예요. 실수를 했다고 너무 슬퍼하지 마십시오. 그것은 소중한 시간과 자신의 정신을 좀먹는 행위니까요.

그럼 모든 사람들이 똑같이 실수를 할까요? 그렇지는 않습니다. 분명히 수학문제를 풀 때 실수가 잦은 학생들이 있습니다. 왜 그런지 유형별로 살펴볼까요?

첫 번째 유형은 수학공부를 안 하다가 최근에 열심히 하는 학생입니다.

이런 학생들은 전단계의 수학이 탄탄하지 못합니다. 배우긴 배웠는데 제대로 숙지하지 못한 상태죠. 예를 들어 정수의 덧셈과 뺄셈을 배우긴 했는데 완전히 익숙지 않으면 다음 단계인 방정식의 합과 곱 등을 배울 때 항상 그 부분에서 막히거나 실수를 하게 됩니다.

이런 학생들에 대한 해결책은 결국 '기초부터 튼튼하게!'밖에 없습니다. 시간을 정해 틈틈이 지난 학년의 문제들, 특히 계산이나 공식 등 기본적인 문제들을 풀어보는 게 좋습니다. 저는 이것을 '약 100알 먹기'라고 합니다. 예를 들면 분수의 덧셈, 뺄셈, 곱셈, 나눗셈을 잘 못하는 친구가 있다고 합시다. 분수만 나오면 늘 가슴이 두근거리고 어떻게 해야 할지 잠시 멍해지는 친구입니다.

저는 그런 학생에게 이렇게 이야기합니다.

"분수공포증에 걸린 녀석, 약을 먹어야겠군. 내가 처방전을 써주지. 분수를 배웠던 학년의 문제집을 한 권 사. 그리고 문제집의 분수문제에 번호를 매겨. 100번까지. 문제집 한 권이 모자라면 두 권을 사도 돼. 여하튼 100문제를 푸는 거야. 하나씩 지우면서 100문제를 다 풀고 나면 넌 분수의 달인이 될 수 있어.”

취약한 곳을 찾고, 그것을 치유하기 위해 집중적으로 연습하는 것. 수학공부에는 이 방법이 꼭 필요합니다.

두 번째 유형은 문제의 유형만 두루 섭렵하고 트레이닝에는 소홀한 학생입니다.

보통 이런 학생들은 수업시간에는 선생님이 문제 푸는 것을 구경하고, 학원에서는 학원선생님이 문제 푸는 것을 구경하고, 과외를 받을 때는 과외선생님이 문제 푸는 것을 구경합니다. 또 인강을 보며 인강선생님이 2배의 속도로 문제 푸는 것을 구경합니다. 이런 부류 중에는 실수에 대한 강박관념보다는 근거 없는 자신감으로 충만한 학생이 많습니다.

“나, 이 문제 알아요. 아는데 실수로 틀린 거예요.”

선생님들은 그런 학생을 이렇게 구박하죠.

“실수도 실력이야!”

조선시대 외국인 선교사들이 운동장에 네트를 치고 테니스 경기를 하고 있었습니다. 이리저리 뛰어다니며 열심히 운동하는 선교사들을 양반들이 한참 지켜보더니 안쓰럽다는 듯 이렇게 말했답니다.

“저렇게 힘든 일을 왜 직접 합니까? 노비들을 시켜서 하면 될 것을…."

수학은 생각하는 과목이지, '남이 생각하는 것을 구경하는' 과목이 아닙니다. 수학은 자기만의 공부시간이 절대적으로 필요한 과목입니다. 수학을 보기만 해서는 다 알 수 없습니다. 직접 풀어봐야 곳곳에 숨어 있는 고비를 비로소 알아낼 수 있죠.

이 유형에 해당하는 학생들은 시험기간뿐 아니라 평소에도 직접 푸는 공부를 꾸준히 해야 합니다. 반드시 자기 혼자 푸는 문제집이 있어야 합니다. 학교나 학원의 숙제가 아니라 누구에게도 기댈 수 없는, 시간이 해결해주지 않는, 올곧이 스스로 해결해야 하는 그런 문제집이 여러분에게 있나요? 없다면 당장 서점으로 달려가십시오.

세 번째 유형은 말 그대로 집중력이 떨어지는 학생입니다.

문제를 풀 때 설렁설렁 대충 끄적이다 말죠. 이런 학생들은 실수에 대한 스트레스도 별로 안 받습니다. "야! 제대로 안 해?" 하고 다그치면 그냥 헤헤 웃어버립니다. 이 경우는 수학공부의 문제라기보다는 성격과 자세의 문제가 더 큽니다.

차분히 참는 법, 인내심을 기르는 법 등의 훈련이 필요합니다. 하루에 10분 정도 눈 감고 명상하기, 소설책을 끝까지 정독하기 등의 연습이 좋습니다. 수학에서는 수학책을 소리 내서 쉬지 않고 5페이지 읽기, 노트필기 정성껏 하기, 어려운 문제를 처음부터 끝까지 풀이를 제대로 쓰면서 풀기 등을 해보세요.

사실 실수를 줄이는 보편적이고 기술적인 방법이 몇 가지 있습니다. 자, 집중하세요!

실수를 많이 안 하는 학생들, 즉 수학을 잘하는 학생들은 문제를 풀다가 실수를 하면 묘하게도 그 사실을 느낍니다. 계산한 숫자들이 복잡하게 나온다든지, 뜻밖의 문자가 남아서 다음 단계로 넘어가지 않는 상황이 되면 학생들은 보통 '문제가 왜 이렇게 어려워?' 하고 생각합니다. 하지만 수학을 잘하는 학생들은 본능적으로 '뭔가 잘못되었다!'는 것을 감지한다는 것이죠.

초능력일까요? 그렇지 않습니다. 문제를 많이 풀어봄으로써 생기는 일종의 경험치입니다. 즉 실수를 줄이는 최고의 기술은 첫째, '문제를 많이 풀어보는 것'입니다.

해결책이 황당한가요? 그런데 어쩔 수 없는 진실입니다. 생각해봅시다. 초등학교 때 많이 실수한 문제들을 지금도 실수합니까? 옛날에는 그렇게 힘들었던 문제들이 고학년으로 올라가면 아무렇지 않게 기본적으로 풀 수 있는 문제가 됩니다. 마치 마술처럼 말이죠.

실수를 줄이는 가장 기본적인 방법은 문제를 많이 풀어보는 것입니다. 이것이 명백한 진실입니다. 이 얘기를 하지 않는다면 나는 여러분에게 거짓말쟁이가 되는 것입니다.

둘째, 감지된 것이 실수인지를 재빨리 확인하는 것입니다. 흔히 '검산'이라고 합니다. 자신이 구한 값을 가만히 보면 말이 안되는 값일 때가 있습니다. 그림에선 예각인데 각이 120°로 나왔다든지 하는 경우처럼요. 이럴 때는 모순을 빨리 깨달아야 합니다. 나온 값을 거꾸로 대입해보는 방법도 있습니다. 실수가 의심스러울 때는 실수인지 아닌지 확인하는 과정을 거쳐야 합니다.

셋째, 잘못된 부분을 잘 찾아야 합니다. 실수를 한 것은 느끼는데 구체적으로 어디서 했는지 모르는 경우가 많습니다. 학생들이 틀린 문제를 가져오면 저는 바로 풀어주지 않습니다. 자신이 쓴 풀이를 가져오라고 하죠. 그리고 같이 살펴봅니다. 거의 50%는 스스로 "아!" 하면서 실수를 찾아냅니다.

그러면 전 이렇게 말합니다.

"다음엔 가져오기 전에 네가 쓴 풀이를 먼저 찬찬히 훑어보고 와!"

풀이를 쓰는 이유는 답을 구하려는 목적도 있지만, 틀렸을 때 자신의 풀이를 관찰하기 위한 목적도 큽니다. 손가락으로 자신의 풀이를 짚어가며 하나하나 확인합니다. 특히 등호 너머로 넘길 때 부호를 잘못 쓰지 않았는지, 다음 줄을 쓰다가 항을 하나 빼먹진 않았는지, 기본적인 사칙연산을 틀리진 않았는지 자기가 주로 틀리는 사항들을 확인하기 바랍니다.

정리하면, 문제를 많이 풀어봐서 실수 감지 능력을 키우고 검산을 통해 그것이 실수임을 재빨리 확인하고, 그다음 잘못된 부분을 잘 찾는 것이 실수를 줄이는 방법입니다. 그런데 말이 쉽지, 그게 그렇게 간단한 문제가 아니라고요? 예, 맞습니다. 그래서 이 실수 줄이기 방법을 구체적으로 실현하기 위한 무기가 있습니다.

'손으로 생각하기'입니다. 자신의 실수를 빨리 찾으려면 풀이의 모든 과정을 되도록 상세히 빨리 쓰는 것인데, 이것이 가장 중요하고 실질적인 실수 줄이기 기술이라 할 수 있습니다.

수학공부의 비밀 하나.

머리보다 손이 더 빠릅니다! 게다가 더 정확합니다!

좋은 수학성적을 올리기 위해서는 옳은 방법도 중요하고 빠른 풀이도 중요하지만, 무엇보다 실수 없는 정확한 문제풀이가 중요합니다.

'옳은 방법으로! 정확하게! 빨리!'

이것이 수학(생각하기)성적을 가르는 척도인 것이죠.

그런데 중간과정을 자꾸 암산으로 하면 '정확하게'가 안됩니다. 그러면 '빨리'에도 영향을 미치죠. 중간에 잘못 계산했을 때 어디가 잘못되었는지 확인할 수도 없습니다. 초등학교나 중학교 1학년 정도는 눈으로만 봐도 풀 수 있는 문제가 많지만, 그런 습관을 못 고치면 학년이 올라갈수록 점점 더 힘들어집니

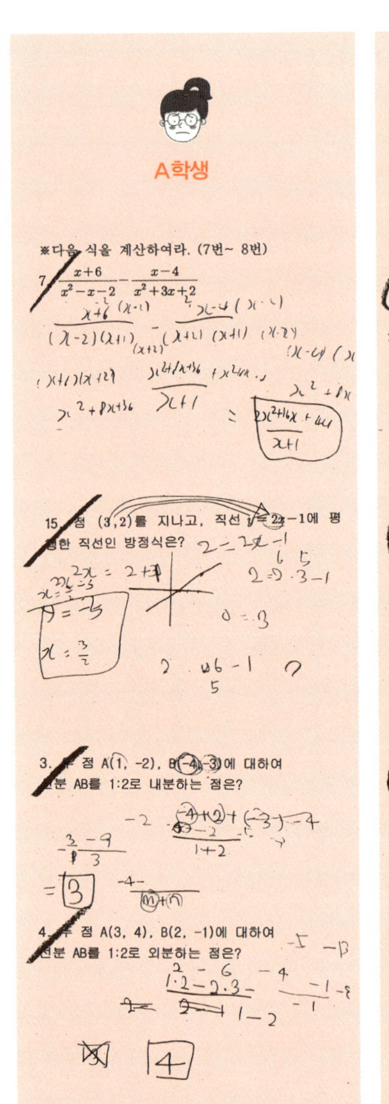
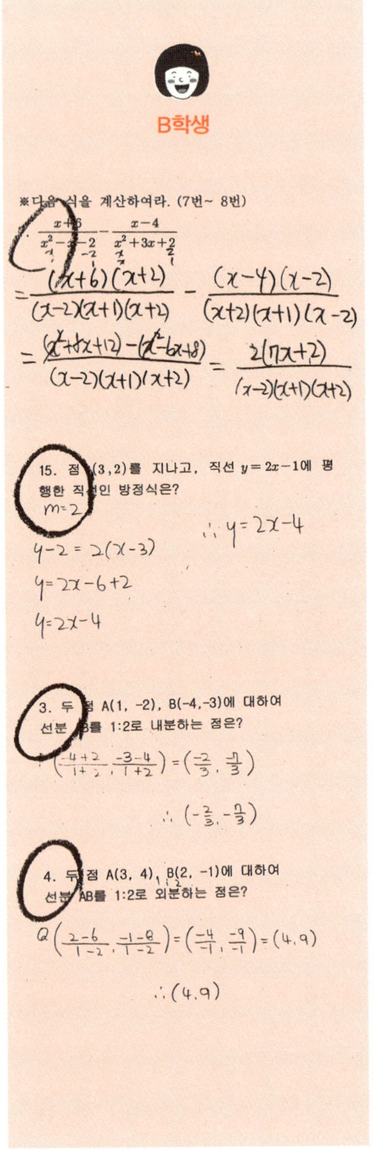

A학생

B학생

※다음 식을 계산하여라. (7번~ 8번)

※다음 식을 계산하여라. (7번~ 8번)

7. $\dfrac{x+6}{x^2-x-2}-\dfrac{x-4}{x^2+3x+2}$

15. 점 $(3,2)$를 지나고, 직선 $y=2x-1$에 평행한 직선인 방정식은?

3. 두 점 $A(1,\ -2)$, $B(-4,\ -3)$에 대하여 선분 AB를 1:2로 내분하는 점은?

4. 두 점 $A(3,\ 4)$, $B(2,\ -1)$에 대하여 선분 AB를 1:2로 외분하는 점은?

다. 문제가 굉장히 복잡해지고 계산할 것이 많아지기 때문이죠.

다음은 똑같은 문제에 대한 두 학생의 풀이입니다.

B학생은 실수를 했을 때 금방 수정할 수 있었고, 그래서 정답을 구했습니다. 하지만 A학생은 실수를 했을 때 자신이 어디서 실수했는지 알 수 없습니다. 그래서 처음부터 다시 풀어야 합니다.

이렇게 자세히 쓰려면 시간이 많이 걸리지 않느냐고요? 천만의 말씀! 실수를 생각지 않더라도 머리로 생각하고 중간결과만 쓴 A학생보다 풀이를 자세히 쓴 B학생이 훨씬 빨리 풀었습니다. B학생은 손으로 생각하기 때문이죠.

머리로 문제를 푸는 학생들은 그나마 수학을 좀 하는 학생들이어서 손으로 생각지 않아도 어느 정도까지는 수학성적을 올릴 수 있습니다. 하지만 어렵고 복잡한 문제에서는 한계에 부딪힙니다. 또한 실수가 잦기 때문에 성적이 잘 오르지 않습니다. 머리보다 손이 먼저 움직이는 학생들을 이길 수는 없죠.

수학공부를 아주 잘하는 학생들의 특징은 빠른 손놀림으로 풀이를 다 쓴다는 것입니다. 수학 잘하는 친구가 공부하는 모습을 한번 관찰해보십시오. 그 친구는 시험을 볼 때도 문제지를 받자마자 쓱쓱 싹싹 신나게 써내려갑니다!

여러분이 칠판 앞에 나와 문제 푸는 것을 보노라면 난감할 때가 참 많습니다. 고등학생인데도 미지수 x를 제대로 못 쓰는가 하면, 집합기호 { }를 지렁이처럼 쓰는 학생도 있습니다. 수학기호를 그림 그리듯 조심조심 쓰기도 합니다. 이런 학생들이 꽤 많습니다. 반 이상이 그래요.

초등학교, 중학교의 경우 수학책 내용도 많이 바뀌고, 가르치는 방법도 많이 달라졌습니다. 창의력, 생각하는 능력을 강조하는 것이 요즘의 추세입니다. 그래서 여러 가지 멀티미디어 수업자료도 활용되고 있죠. 그런 영향인지 풀이과정을 쓰는 데 서투른 학생들이 많아지고 있습니다. 수학을 손으로 많이 쓰지 않았던 탓입니다. 그러다가 고등학교에 와서 갑자기 풀이과정을 길게 써야 하는 문제를 만나니 한 문제에 시간이 한참 걸릴 수밖에 없죠.

수학선생님들이 교과서 문제풀이를 적으라고 하면 간혹 불만을 터뜨리는 학생들이 있습니다.

"아, 이거 교과서에 풀이가 다 있는데 왜 또 쓰라고 시켜요?"

잘못된 생각입니다. 풀이를 쓰는 방법도 익혀야 합니다. 직접 쓰면서 체계적으로 푸는 방법을 익혀야 하죠. 수학시간에 많이 쓰는 게 그래서 또 중요합니다.

계산의 아주 작은 단계까지 손으로 직접 쓰는 연습을 하십시오. 자꾸 머리로 암산하지 마세요. 얼른 종이에 써서 눈으로 확인하십시오. 빨리 쓰면서도 나중에 알아볼 수 있도록 깔끔하게 쓰십시오. '손으로 생각하기'가 여러분의 수학공부를 한 단계 높은 차원으로 인도한다는 것, 이것을 잊지 말기 바랍니다.

한편 특이한 부류의 학생들이 있습니다. 시험을 볼 때 무지하게 바쁜 학생들입니다. 문제풀이를 급하게 쓰고는 쓴 것을 지우개로 쓱쓱 마구 지웁니다. 그러고는 다시 우다다다 씁니다. 잠시 후 짜증스러운 표정을 짓더니 또 지우개로 쓱쓱 화난 사람처럼 지웁니다. 가만히 지켜보면 시험 보는 내내 그러면서 점점 더 화를 내죠.

저도 초등학교 다닐 때 수학필기는 연필로 하라는 이야기를 들었습니다. 수학은 틀리기 쉬운데, 틀리면 지우고 다시 필기를 해야 한다면서요.

그런데 바로 그 습관 때문에 참 많이 고생했습니다. 문제를 풀다보면 지우는 시간이 반입니다. 손을 왔다 갔다 하는 동안에는 아무 생각이 나지 않을뿐더러, 그렇게 격하게 지우고 나면 앞서 한 생각도 까먹고 새로 시작해야 합니다. 다시 풀어보니 좀 전에 풀었던 게 옳았다면, 처음부터 다시 써야 합니다.

보통 이런 학생들은 문제 자체보다는 다른 데 무의식적으로 집중하는 경향이 있습니다. 이런 학생들 중 한 부류는 수학시험을 보고 있으니 뭔가 바빠야 하는데, 바쁘게 문제가 안 풀리니 열심히 지우는 행위로 바쁜 이미지를 스스로에게 만들어줍니다.

그런가 하면 또 다른 부류는 수학노트가 거의 참고서처럼 깔

끔합니다. 수학공부의 내용보다는 질서정연하고 예쁜 필기에 집착하는 것이죠. 심지어 시험을 볼 때도 그렇게 합니다.

수학공부는 '예쁜 필기'가 아닙니다. 거듭 말하지만 수학은 '생각하기'입니다. 문제를 풀다가 틀리면 풀이에 사선을 그은 뒤, 그 옆에 새로운 풀이를 시작하면 됩니다. 만약 새로운 풀이가 잘못될 경우, 첫 번째 풀이가 아직 남아 있으니 비교해보면서 전략을 다시 짤 수도 있습니다.

지우개를 쓰는 버릇은 쉽게 고쳐지지 않습니다. 지우개를 빼앗으면 금단증세를 보이기도 합니다. 문제를 풀다가 습관적으로 지우개를 찾아 두리번거리고, 손톱을 깨물기도 하고, 다리를 떨기도 합니다. 진중하게 문제에 집중하지 못한 채 자꾸 풀이

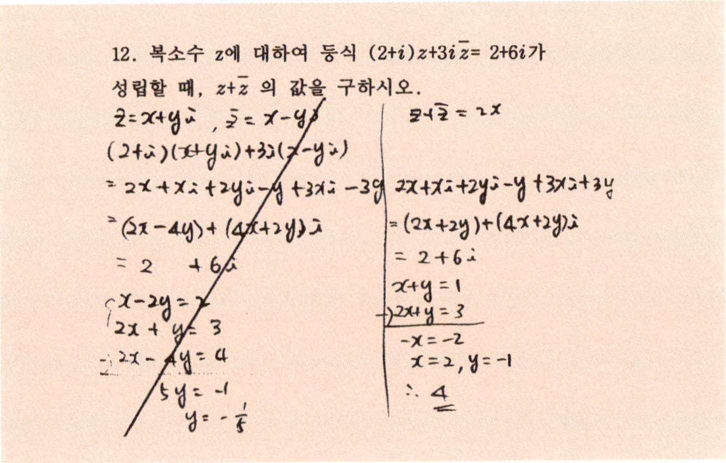

과정 밖으로 튕겨나오죠.

이런 버릇을 고치는 데는 시간이 꽤 오래 걸릴 수도 있습니다. 하지만 수학점수를 향상시키려면 꼭 고쳐야 하는 버릇입니다.

이렇게 해보자

◆ **자신의 실수유형을 파악하자.**

기초가 없나? – 기초 튼튼 프로그램 돌입.

연습이 부족한가? – 각 유형에 맞는 트레이닝 강화.

집중력이 약한가? – 명상, 요가, 책읽기 등으로 집중력 강화.

◆ **손으로 생각하자! 손을 머리보다 빠르게! 풀이를 다 쓰자! 알아볼 수 있게!**

◆ **풀다가 숫자가 너무 복잡하거나 뭔가 이상하면 자기 풀이를 다시 짚어보자!**

◆ **문제를 푼 뒤 답과 문제를 비교해 확인하는 버릇을 갖자!**

◆ **무엇보다 실수 콤플렉스를 없애자!**

"에구! 좀 더 찬찬히 볼걸… 그래도 뭐, 괜찮아! 난 대범하니까!"

09

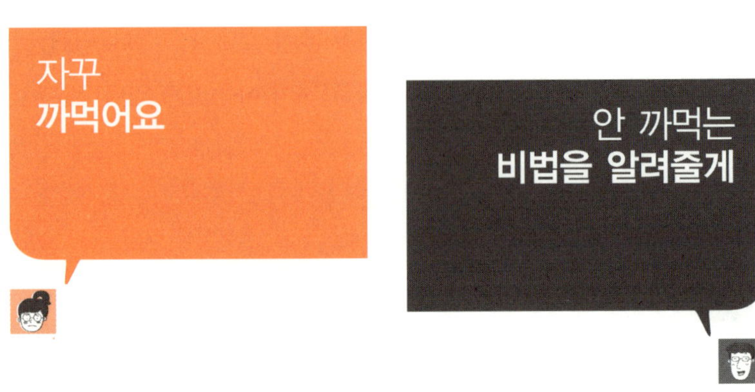

✉ 수업시간에 선생님 수업을 들으면 알아듣겠어요. 그런데 다음 날 교과서를 펴보면 전 시간에 배운 게 하나도 생각이 안 납니다. 분명히 제가 적어 내려간 게 있는데, 그게 어떤 내용이었는지 머릿속이 하얗습니다.

공식도 그래요. 수학공식을 외우는 게 정말이지 엄청나게 힘이 들어요. 다른 아이들은 그 긴 외계어를 어떻게 외우는지 정말 불가사의해요.

제가 원래 기억력이 나쁜 건 아니거든요. 영어단어 외우기도 다른 아이들보다 그렇게 못하는 편이 아닌데, 왜 수학은 잘 까먹는 걸까요?

"아, 하나도 기억이 안 나!"

수업을 하다보면 여기저기서 이런 탄식이 흘러나옵니다. 분명히 전 수업시간에 한 내용인데 기억이 안 난다는 것이죠. 전 그것도 모르고 자꾸 "이거 전 시간에 했던 거 기억하지?" 하고 물었으니 어리둥절한 학생들은 결국 한숨을 쉴 수밖에요.

그런데 사실 수학만 까먹는 것은 아닙니다.

"그저께 국어시간에 뭘 배웠는지 기억해?"

이렇게 물으면 잠시 침묵이 흐릅니다. 그러다가 곧 여기저기서 하나씩 말이 나오지만, 세세한 것까지는 기억을 못합니다.

수학도 마찬가지입니다. 수업에 참여하지 않아 아예 기억할 수 없는 학생들을 빼고는 대충 무엇을 했는지는 기억합니다. 하지만 세세한 것은 기억하지 못하죠.

그래서 인간을 가리켜 '망각의 동물'이라고 하나봅니다. 하긴 모든 것을 다 기억한다면 머리가 어떻게 되겠습니까? 머리가 좋은 것도 축복이지만, 적당히 잊는 것도 축복입니다.

그런데 왜 수학에 대해서만은 기억나지 않는 것에 대해 그렇게 스트레스를 받을까요? 다른 과목은 그 시간에 배운 것이 그 시간만의 학습결과로 기억되지만, 수학은 다음 시간에도 연결되기 때문입니다. 물론 다른 과목도 그런 경우가 있지만 수학만큼 기간이 길고 본질적이지는 않습니다.

예를 들어 방정식의 경우, 기본적인 식의 개념을 알아야 일차방정식을 풀 수 있고, 일차방정식을 알아야 연립방정식을 풀 수 있으며, 일차부등식의 해를 구할 수 있습니다. 그리고 일차부등식을 알아야 연립부등식을 풀 수가 있죠.

대단원으로 생각하면 거의 한 달 넘게 연결되는 경우도 있습니다. 그러니 이번 수업시간에 제대로 공부하려면 전 시간, 전전 시간, 전전전 시간의 기억을 되살려야만 합니다.

수학에 대해 유독 '망각의 공포'가 심한 것은 더 많이 까먹기 때문이 아닙니다. 까먹는 양은 다른 과목과 똑같은데 자꾸 확인을 하기 때문이죠.

수학책이 말을 겁니다.

"이거 기억하지?"

그러니 자꾸 스트레스를 받을 수밖에요.

그런데 여러분만 까먹는 것도 아니고, 또 수학만 까먹는 것도 아닙니다. 원래 수학이라는 과목은 계속 잊었는지 안 잊었는지 확인하는 과목입니다. 즉 다시 익히고 익혀서 고차원적인 생각을 하기 위해 확인을 거듭하는 것입니다. 고차원적인 생각법은 단순히 1시간의 연습으로 가능한 게 아니기 때문입니다. 기본적인 데생을 하기 위해 무수한 선을 그리며 연습하는 이치와 같죠.

그러니 스트레스 받지 말고 이렇게 생각합시다.

"음… 또 까먹었군. 다시 익히면 되지 뭐. 그게 수학이니까!"

그렇기는 해도 쉽게 기억하는 방법이 있다면 좋겠죠. 좀 더 윗 단계의 수학을 수월히 할 수 있을 테니까요. 스트레스도 줄어들어 수학공부를 더 재미있게 할 수도 있을 테고요. 그럼 그 방법에 대해 알아볼까요?

일단 수학은 다른 모든 공부와 마찬가지로 '복습'이 중요합니다. 왜냐하면 시간이 지나면 기억이 사라진다는 아주 당연한 이유 때문입니다. 24시간 후에는 아마 그날 배운 내용의 반 이상은 기억을 못할 거예요. 한번 생각해봅시다. 여러분은 1시간 동안 배운 내용을 다음 날 얼마나 기억하나요? 반만 기억해도 다행일걸요?

그냥 놔두면 그다음 날 그중의 반이 또 사라질 것입니다. 그것을 붙들어주는 것이 바로 복습입니다. 복습은 12시간 안에

한 번의 자극을 더 주는 것입니다. 그러면 기존의 학습내용과 합쳐져 강력한 기억이 되죠.

기억이 사라지는 그래프 - 에빙하우스의 망각곡선

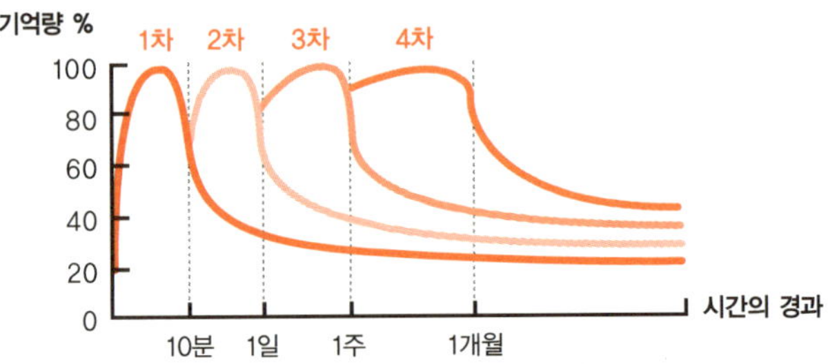

복습은 단순한 더하기가 아닙니다. 굳이 비유하자면 융합이라고 할 수 있습니다. 3시간 공부한 내용을 한 달 뒤에 1시간 다시 공부한다면 그것은 그저 1시간의 새로운 공부일 뿐입니다. 오래 지난 뒤의 복습은 새로 공부하는 것과 다를 바 없으니까요.

하지만 3시간 공부한 것을 12시간 안에 1시간 다시 공부한다면, 그것은 1시간의 새로운 공부가 아닙니다. 그래서 진정한 복습은 공부한 다음 빨리 다시 보는 것입니다.

사실 이것이 공부 잘하는 학생들의 비결입니다. 이 때문에 똑같이 공부를 해도 효율이 다르죠. 그 마법을 깨닫는다면 굉장한 경험을 하게 될 것입니다.

미리 짬짬이 복습하고 시험기간에 5시간을 공부하는 학생이 시험 전날 당일치기로 밤새며 10시간 공부하는 학생보다 훨씬 좋은 결과를 얻는다는 사실! 주위에 보면 그런 학생 많죠? 별로 공부하는 것 같지 않은데 시험은 잘 보는 학생 말이에요.

그런데도 복습하는 게 부담된다고요? 자, 이제 복습방법을 생각해볼까요?

첫째, 수업 끝나자마자 훑어보기!

보통 종이 울릴 때 정확히 수업이 끝나지는 않습니다. 선생님들은 종이 울리기 조금 전에 수업을 끝내주시죠. 그 여분의 시간이 1분일 수도 있고, 5분일 수도 있어요.

그때입니다! 그때가 중요해요.

책을 덮기 전에 한 번 쓱 훑어보는 것입니다. '음, 이번 시간엔 이런 걸 배웠군' 하면서요. 구체적으로 기억하지 못해도 괜찮습니다. 그냥 보는 거예요. 1시간 동안의 흐름을 1분도 안 되는 시간에 '음… 음… 음? 음!' 하면서 짚어보는 것이죠. 책을 넣는 척하면서 슬쩍 훑어보면 친구들이 눈치 채지 못합니다. 그러니 유난 떤다고 핀잔을 들을 일도 없죠.

이 1분은 굉장히 마법 같은 시간입니다. 그냥 멍하게 흘려보내는 1분보다 적어도 몇 십 배의 효과가 있으니까요!

그런데 이 효과를 2배로 늘리는 게 또 있어요. 바로 종례 때!

담임선생님을 기다리는 시간이나 담임선생님이 들어오셔서 종례를 준비하는 시간, 종례 끝나고 가방을 싸는 시간! 바로 그 때 노트나 책을 들춰보는 것입니다. '음… 음… 음? 음!' 하면서 그냥 들춰보면 됩니다. 슬쩍 들춰 보면서 머릿속으로 그날의 수업시간을 그려보면 더 좋고요.

이렇게 하면 다음 수학시간이 좀 편해집니다. 연결이 되거든요. 자세히는 몰라도 '저번에 그것을 공부했기 때문에 이제 이것을 하는구나.' 하고 어렴풋이 느낄 수 있죠. 그러면 불안감이 없어지고 차분히 수업에 집중할 수 있습니다.

더욱더 효과를 발휘하는 것은 시험 볼 때입니다. 작년에 수정이라는 친구가 이 방법을 썼습니다. 처음에는 힘들었지만 곧 습관이 되었죠.

수정이가 기말고사를 보기 전에 이런 말을 했습니다.

"그냥 1분씩 본 것뿐이었거든요? 그런데 전에 시험공부할 때랑 달라요. 정확히는 모르겠는데요, 뭔가 많이 쉬워졌어요!"

왜겠어요? 익숙하거든요!

수업만 듣고 아무것도 안 하다가 시험공부를 시작하면 눈앞이 캄캄합니다. "이걸 내가 배우긴 한 거야?" 이러면서요. 하지만 자기가 무엇을 공부했는지 틈틈이 훑어본 학생들은 일단 내용을 볼 때 편합니다. 자세히는 모르지만 대충 어떤 것을 했다는 걸 기억하니까요.

그리고 중간중간 훑어봤기 때문에 시험범위 단원의 전체 구조를 파악할 수 있습니다. 사실은 이것이 굉장히 중요합니다. 시험문제를 출제하는 선생님이 학생들과 가장 다른 점은 전체를 볼 수 있다는 것입니다. 그래서 어디가, 왜 더 중요한가를 알죠.

시험공부를 하는 학생들 중에는 절대 시험에 나오지 않을 것을 가지고 끙끙대는 친구들이 가끔 있습니다. 상위권 학생이라면 이해가 갑니다. 다른 것은 이미 다 공부했으니 혹시 모를 선생님의 개인적 취향까지 고민하는 것이겠죠. 구석 문제를 이용해 틀리게 해서 상위권 등급을 나누려는 선생님의 전략에 대처하는 것이기도 하고요.

그런데 그게 아니라 중하위권 학생들이 엉뚱한 내용을 달달 외우는 것을 보면 참 가슴이 아픕니다. 그렇다고 "그건 안 나와!" 하고 대놓고 시험정보를 유출할 수는 없잖아요.

중고등학교 수학의 전체 또는 각 학년의 전체 내용, 지금 배우는 단원의 '전체 흐름'을 아는 게 아주 중요합니다. 그래야 인수분해가 얼마나 중요한지, 판별식을 왜 지금 미리 알아놔야 하는지가 눈에 보이니까요. 그리고 전체를 알면 외우는 데도 도움이 됩니다. 예를 들어 고1 때 인수분해가 나오는데, 그냥 하나하나 익히기보다는 이렇게 하면 더 잘 할 수 있습니다.

이렇게 전체를 파악한 학생은 인수분해 문제가 나오면 다섯 가지 방법 중 무엇을 사용할지 생각합니다. 그냥 막무가내로 문제를 푸는 게 아니라 훨씬 체계적으로 방법을 찾아내는 것입니다.

그러한 흐름읽기의 좋은 방법 중 하나를 벌써 이야기했습니다. 바로 수업 끝날 때와 종례할 때 하는 '1분 훑어보기' 복습이죠.

물론 가장 좋은 복습은 따로 시간을 정해서 하는 1시간 또는 30분 복습입니다. 자기 전에 그날 배운 주요과목 3개 정도를 30분씩 공부해보세요. 수학의 경우라면 다시 풀어보는 겁니다, 수업을 기억하면서. 습관만 된다면 생각보다 어렵지 않습니다.

이렇게 복습을 하면 앞에서 말한 대로 수업 1시간과 융합을

일으켜 3배의 효과를 나타냅니다. 나중에 3시간 공부하는 것보다 짧은 시간에 훨씬 많은 것을 얻을 수 있다는 말이죠.

잘 까먹지 않는 법?

다른 것 없습니다. 결국 복습입니다!

다음으로 '공식 외우기'에 대해 좀 이야기해볼까요?

수업내용을 기억하는 것도 어렵지만, 아마도 공식 외우기가 여러분에게는 더 힘들지 모릅니다. 일단 공식을 적어놓고 찬찬히 뜻을 생각해봐야 합니다. 이 공식이 왜 이렇게 생겼는지 이해하는 게 중요하니까요.

그러려면 책에서 공식을 유도한 부분을 놓치지 않고 보는 것이 좋습니다. 수학 잘하는 친구에게 문제를 푸는 법보다 공식 유도하는 부분을 물어보세요. 친구가 좀 귀찮아할지도 모르지만 꼭 물어보세요. 너무 깊이 들어갈 필요 없이 막히는 부분만 이해하고 넘어가면 됩니다.

물론 쉬운 일은 아닙니다. 하지만 그냥 외우면 마치 외계인의 상형 그림문자를 외우는 것과 같으니 훨씬 더 힘이 든답니다. 일단 대충이라도 이것이 어떤 과정을 거쳐 나왔는지를 알면 공식을 '이해'하게 돼요. 그러면 외우기가 쉬워지고, 외운 것을 다시 머릿속에서 끄집어내는 것도 수월해집니다.

자, 예를 한번 들어볼까요?

초등학교 때 배운 마름모의 넓이를 구하는 공식이 기억나나
요?

·
·
·

마름모의 넓이를 구하는 공식은 '대각선×대각선×$\frac{1}{2}$'입니
다. 그런데 이걸 고등학교 1학년 학생들에게 물어보면 반은 대
답을 못하죠.

하지만 왜 이 공식이 나왔는지를 알고 있으면 아주 쉽게 기
억을 해낸답니다.

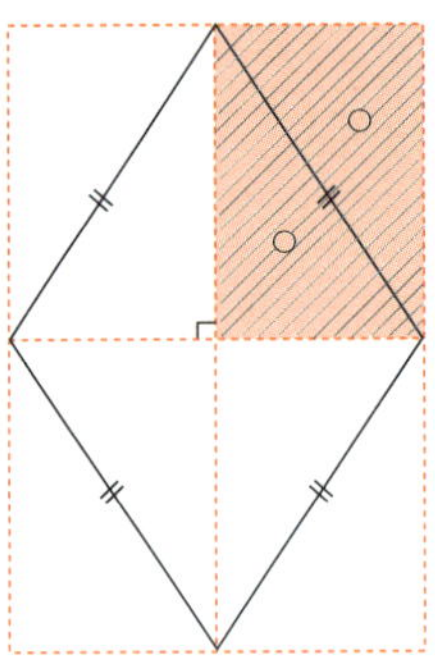

마름모의 두 대각선을 곱하면 큰 사각형의 넓이가 됩니다.
그것의 반이 마름모의 넓이죠. 네 부분의 작은 사각형에서 반에

해당하는 삼각형 4개를 모으면 마름모가 되니까요.

공식이 왜 그렇게 되는지 기억한다면, 즉 앞의 그림을 기억한다면 마름모의 넓이를 구하는 공식은 영원히 잊을 수 없을 겁니다.

다음으로 알아둘 비결은 여러 가지 독창적인 외우기 방법을 창안하는 것입니다.

예를 들어보겠습니다. 저는 중학교 때 교집합의 기호(∩)와 합집합의 기호(∪)가 아주 헷갈렸습니다. 캡이니 컵이니, 뒤집으면 다 쏟아지니까 ∩은 교집합이고, 컵은 담을 수 있으니까 ∪은 합집합이고….

이런저런 방법을 써서 외워보았지만, 그래도 계속 헷갈렸습니다. 그러다가 바로 이 방법을 생각해냈어요!

교집합, 하집합

그다음부터는 절대 헷갈리지 않더라고요.

기발한 방법을 몇 가지 더 말해볼까요?

부분집합 기호나 원소기호의 방향이 너무 헷갈렸습니다. 집합 A가 집합 B에 포함될 때 이게 A⊂B인지 A⊃B인지…. 그런데 바로 이 한마디로 모든 걸 끝냈죠.

"수학 기호는 모두 큰 쪽으로 벌어진다!"

"오, 신이시여!", "오, 주여!" 할 때 팔을 벌리잖아요. 그러니까 서양에서는 무엇이든 큰 쪽으로 벌렸던 것입니다. 다음을 보세요. 정말 다 그렇죠?

집합 A가 집합 B에 포함되면 집합 B가 더 큰 거니까 $A \subset B$

원소 a가 집합 A의 원소이면 A가 더 큰 거니까 $a \in A$

5가 3보다 크니까 $3 < 5$

또 고1 때는 충분조건과 필요조건을 배웠는데, 이것도 헷갈려서 외우는 방법을 착안해냈죠. 즉 "작충큰필(작은 곤충이 큰 필통에 들어 있다)!"고 소리치며 외웠습니다. "작으면 충분조건, 크면 필요조건"이라는 뜻이죠.

외울 때 운율을 타거나 율동을 덧붙이면 더 재미있어집니다. 가장 대표적인 게 조선시대 왕 순서 외우기입니다.

"태정태세 문단세 예성연중 인명선 광인효현 숙경영 정순헌 철 고순."

이게 가만 보면 4·3·4·3 이렇게 외우잖아요. 시조의 운율 같죠. 이렇게 우리 민족에게 익숙한 운율로 외우면 쉽게 외워집니다.

부등식의 영역을 공부할 때는 좀 쇼킹한 방법을 썼습니다.

$$(x-2)(x-3) < 0$$
$$(x-2)(x-3) > 0$$

두 문제는 다 x의 범위가 2, 3과 관계가 있죠. 하나는 2와 3 사이고, 하나는 2와 3 바깥입니다.

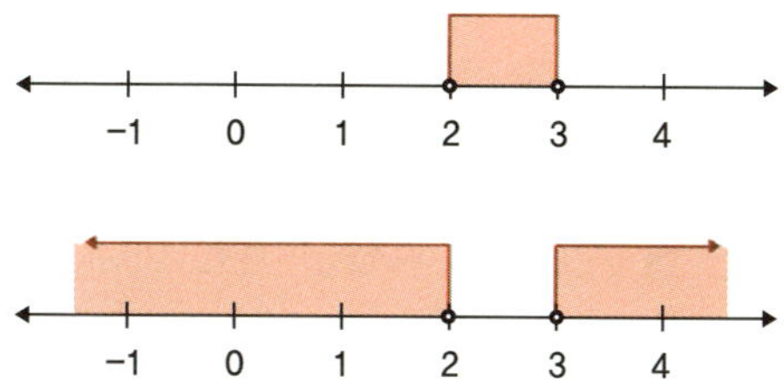

즉, 하나의 답은 $2<x<3$ 이고, 하나의 답은 $x<2, 3<x$랍니다.

그런데 이것도 헷갈리는 겁니다. 그래서 이것을 이렇게 외웠죠.

"작으면 사이! 크면 바깥!"

즉 x쪽 식이 0보다 작으면 사이, x쪽 식이 0보다 크면 바깥이란 것입니다. 물론 x쪽 식의 최고차항의 계수가 양수일 때죠.

$(x-2)(x-3)<0$ 의 답은 $2<x<3$

$(x-2)(x-3)<0$ 의 답은 $x<2,\ 3<x$

그런데 이게 외울수록 또 헷갈리지 뭡니까? "크면 사이, 작으면 바깥이던가?" 하고요.

그래서 이번엔 율동을 넣었습니다. 작은 것이니까 몸을 낮춰 봤죠. 그랬더니 다리 사이가 벌어지는 겁니다. 그래서 그 사이에 손을 쑥 집어넣었습니다. 그러고는 큰 것은 몸을 세워 까치발을 했죠. 그런 다음 양손을 귀 옆으로 가져가 바깥으로 꺾었어요.

이 두 동작을 번갈아 하며 외쳤습니다.

“작으면 사이! 크면 바깥!”

그랬더니 그 뒤로는 절대 헷갈리지 않았습니다. 지금 제가 가르치는 학생들도 재밌어하며 잘 따라 하고 있습니다.

아, 그런데 약간의 부작용도 있어요. 시험을 볼 때 학생들이 여기저기에서 중얼중얼, 들썩들썩한다는 거예요. 시험감독 선생님이 그 모습을 보고는 ‘이게 뭐 하는 짓인가? 수학이 너무 어려워서 아이들이 드디어 미쳤나?’ 하고 무서워했다더군요. 하하.

이 밖에도 ‘일부러 발음을 이상하게 해서 기억하는 방법’도 있습니다.

예를 들면, 부채꼴의 넓이 $S=\frac{1}{2}rl$입니다. 그런데 저는 아직도 이 식을 이렇게 기억합니다.

“부채꼴의 넓이 에스는 2분에 1 아알~ 에에에엘~!”

혀를 말아서 이상한 소리를 냅니다. 그러면 부채꼴 문제를 풀 때마다 그 이상한 발음이 떠오르게 됩니다.

그리고 앞에서 말한 그 어느 것보다 강력한 게 하나 있습니다. 음… 사실 이건 이야기하지 않으려고 했어요. 저만 아는 신기한 방법이기 때문입니다. 아, 이걸 이야기해야 할까요? 30년을 지켜온 비밀인데….

에잇, 기분이다! 비밀을 들려줄게요.

사실 친한 어느 도사에게 들은 거예요. 꼭 외우고 싶은데 너무너무 안 외워지는 것이 있을 때 사용하는 방법이죠. 이름 하여 삼지법!

오른손의 엄지, 검지, 중지를 맞대어 모으고 외워야 할 것을 뚫어지게 보면서 외우는 방법입니다. 나중에 그것을 기억하고 싶을 때도 눈을 감고 세 손가락을 다시 모읍니다. 그러면 신기하게도 외우던 당시의 그 책, 그 페이지의 모습이 선명히 떠오르면서 외운 내용이 다 기억난답니다.

믿기지 않는다고요? 저는 지금도 세 손가락을 모으면 중학교 때 이 방법으로 외웠던 내용들이 기억납니다. 영어문제집의 오른쪽 라인(보조설명란)에 있었던 아주 작은 글씨의 설명인데, 영어문장의 구와 절에 대한 것이었습니다.

더 중요한 내용을 외울 것을… 아! 왜 그걸 외웠는지 모르겠습니다. 반신반의하며 아무것이나 해봤는데, 그게 지금까지도 기억이 나니 말이에요.

삼지법! 아무 때나 사용하면 안 되지만, 꼭 필요할 때 사용하면 정말 신기하게 또렷이 기억할 수 있답니다. 믿거나 말거나!

사실 방법은 중요하지 않습니다. 중요한 것은 간절함이죠. 그것을 잊지 않으려고 하는 간절함! 그리고 진심 어린 노력! 이것만 있다면 각자에게 걸맞은 외우기 방법은 무궁무진합니다.

자, 책을 펼쳐봅시다. 그리고 수백 년 동안 후배들이 감사해

할 위대하고 기발한 외우기 방법을 한번 만들어봅시다. 수학성
적의 상승은 그 역사적인 업적에 비하면 가벼운 덤일 뿐!

이렇게 해보자

◆ 누구나 까먹는다! 쫄지 말자.

◆ 수업이 끝날 때, 종례 때 1분 복습을 시도하자.

◆ 당일 30분 복습을 습관으로 만들자.

◆ 재미있게 외울 수 있는 기억법을 찾아보자.

◆ 기발한 나만의 기억법을 개발하자.

◆ 중요한 것은 잊지 않으려는 간절함이다. 간절하게 기억하자.

10

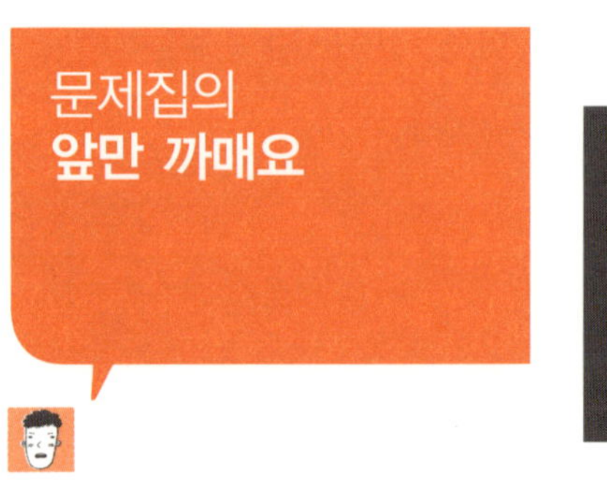

혼자 공부하는 시간이 있어야 한다는 말씀에 문제집을 샀어요. 그런데 언제나 똑같이 앞만 까매요.

앞의 한두 단원이 지나고 나면 도대체 진도가 안 나가요. 해 보려고 붙들고 있기는 하는데 30분이 지나도 모르겠어요. 아, 문제집을 쳐다보기도 싫어요.

학생 시절 이른바 '꺾이는(?)' 시기가 있습니다. 초등학생에서 중학생으로 올라갈 때, 중학생에서 고등학생으로 올라갈 때, 그리고 고2에서 고3으로 올라갈 때입니다.

이때 여러분의 눈에는 힘이 잔뜩 들어가 있습니다. 그동안 자기가 공부를 못한 것은 공부를 안 했기 때문이니 이 시점에서 뭔가를 보여주겠다는 의지가 역력합니다. 그래서 이제 막 겨울을 벗어난 3월의 교실은 초봄에도 후끈후끈합니다.

여러분의 의지는 정말 대단해 보입니다. 그 의지의 강도만 보자면 달나라도 갈 듯합니다. 새로운 자신의 모습에 대해 굉장한 기대를 품고 있으며, 그런 기대에 자칫 들뜰까봐 어금니를 꽉 깨물기도 합니다.

그런데 그 대단한 의지에 비해 계획은 참으로 빈약합니다. 학생들의 뜬금없는 각오를 들을 때면 어안이 벙벙해지는 경우가 한두 번이 아닙니다.

중위권 학생이 아주 진지한 얼굴로 이야기합니다.

"성적을 1등급으로 올리려고요."

저는 제 귀를 의심하며 묻습니다.

"1등급씩 올린다고?"

그러면 그 학생은 마치 거사를 준비하는 수양대군처럼 말합니다.

"아니요, 1등급으로요."

"전 과목을 말이니?"

"예."

제가 말없이 쳐다보면 그 학생은 그제야 아주 조금, 아주아주 조금 현실감각을 찾습니다.

"적어도 주요과목은요."

저는 되도록 상처를 주지 않으려고 떨리는 목소리로 조심스럽게 묻습니다.

"어떻게?"

"음… 열심히 해야죠."

"…"

좀 구체적인 계획을 세워보라고 닦달하면 학원에 다니거나 과외를 해보겠다는 학생들이 대부분입니다. 그런데 그런 계획은 별로 효과가 없습니다. 남들도 다 하고, 앞에서 언급했듯이 '남의 공부'이기 때문입니다.

무엇보다 '자기 공부' 계획을 세우는 것이 중요합니다. 보통은 수학문제집을 하나 정해 '뗀다'고 하는 독파를 권합니다. 하루 1시간이라도 자기 공부를 하고, 학교에서도 쉬는 시간이나 자습시간 등에 틈틈이 문제집을 풀어보는 것입니다.

독파는 엄청나게 중요한 수학공부법입니다. 일단 스스로 문제를 풀어본다는 것, 전체 단원을 섭렵함으로써 학습내용을 구조적으로 파악할 수 있다는 것, 그리고 각종 문제유형을 체계적으로 살펴볼 수 있다는 것 등 장점이 많습니다. 거기에 더해지는 한 권을 끝냈을 때의 쾌감은 공부의 즐거움을 느낄 수 있는 아주 좋은 경험입니다.

그런데 대부분 책의 옆면을 보면 앞부분, 즉 쉬운 단원들만 까맣게 되어 있습니다. 원래 무슨 과목이든 문제집을 처음부터 끝까지 독파하기는 참 어렵습니다. 처음 의지가 지속되지 않으니까요. 불타던 눈에는 졸음이 몰려오고, 강건하던 마음은 답답함으로 몸부림칩니다. 마음은 벌써 친구들에게 가 있고, 손은 문자를 보내느라 바쁩니다. 소설책도 끝까지 읽기 힘든데, 하물며 문제집을 끝까지 해내기가 쉽겠습니까? 독파는 원래 힘든 일입니다.

그런데 영어와는 달리 수학의 경우 일부 앞단원만 공부하는 것은 아주 치명적입니다. 영어문제집은 앞만 보더라도 그만큼 효과가 있어서 공부한 시간이 그대로 자산으로 남습니다. 하지만 수학은 그렇지 않습니다. 아무리 공부를 많이 해도 집합은 집합, 행렬은 행렬일 뿐입니다.

수학은 문제집 한 권을 독파하는 방법이 달라야 합니다. 특히 중하위권 학생들의 경우는 더 그렇습니다. 상위권 학생이야 문제집 순서에 따라 차근차근 진도를 나가도 되지만, 중하위권 학생들에게는 정말 버거운 일입니다. 뒤에 나오는 문제일수록 어려워지니까요.

수학성적이 좋지 않은 학생이 단원의 마지막, 아주 어려운 종합문제 하나를 붙들고 30분쯤 낑낑대는 것을 종종 봅니다. 결심한 게 있으니 포기는 못하겠는데 도저히 풀리지는 않고, 답을 봐도 이해가 안 갑니다. 어쩔 수 없이 수학을 잘하는 친구나 선생님께 물어보기도 하는데, 설명을 들어도 자괴감만 듭니다. 친구는 잘 아는데 나는 모른다는 자괴감 말이죠. 이것은 무의식에 아주 큰 상처를 남깁니다. 이쯤 되면 문제를 마냥 쳐다보고 있기도 그렇고, 무시하고 넘어가자니 찜찜하고… 결국 공부에 흥미를 잃고 맙니다.

다음은 학생들이 수학문제집을 푸는 방식을 표로 나타낸 것입니다.

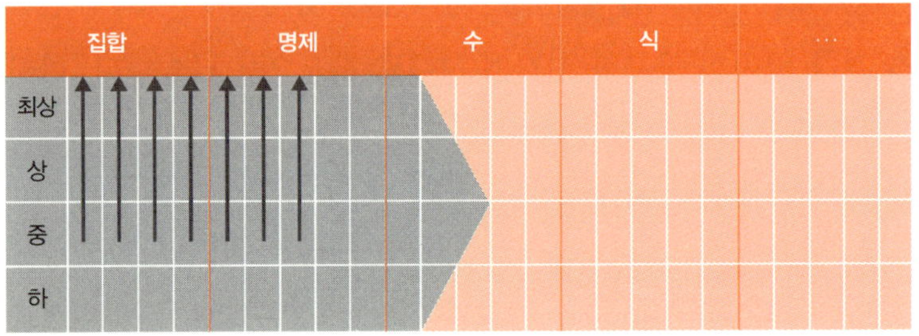

중하위권 학생들은 이렇게 공부해서는 안 됩니다.

자, 당장 수학문제집을 펴보세요. 보통 다음 순서로 되어 있습니다.

개념 설명과 그것에 맞는 간단한 보기문제 → 유형문제 →

유형문제를 연습하는 유제문제 → 중단원 연습문제 →

대단원 종합문제 → 수능대비문제 …

물론 문제 꼭지의 이름을 조금 바꾸기도 합니다. '기초다지기', '실력쌓기', '내신대비문제', '수능모의고사' 하는 식으로요. 어쨌든 뒤로 갈수록 어렵고 다른 단원의 내용과 연계된 문제가 많아집니다.

어려운 문제를 끙끙거리며 오래 붙잡고 있는 것이 수학공부를 하는 데 도움이 되기도 합니다. 아니, 오히려 그것이 수학의 묘미라 할 수 있죠. 끈기도 생기고, 복잡한 사고도 가능해지고, 궁극적으로 문제해결능력도 향상됩니다.

하지만 아무리 끙끙거려봐도 안 되는 실력으로 계속 붙들고 있는 것은 단점이 더 많습니다. 학습리듬도 깨지고, 비효율적이며, 수학에 대한 흥미를 떨어뜨리고, 아무리 공부해도 문제를 못 푼다는 자괴감이 들게 하죠. 공부를 할 때는 냉정해야 합니다. 자신이 되고 싶은 모습과 자신의 현실을 혼동하면 안 됩니다. 괜한 자존심 때문에 시간낭비하면 손해입니다.

성적이 최하위권인 학생은 일단 '개념설명과 그것에 맞는 간단한 보기문제' 부분을 차근차근 살펴봐야 합니다. 처음부터 끝까지 모든 단원을 봅니다. 한 번에 안 되면 두 번 봅니다. 수학문제집에 어떤 내용이 담겨 있는지 감을 잡아야 하니까요.

그다음에는 '유형문제'와 '유제문제'를 봅니다. 처음 단원부터 끝 단원까지 모두 봅니다. 이것은 가장 기본적인 유형들을 공부하는 것입니다. 한 번으로 부족하면 처음부터 끝까지 한 번 더 풀어봅니다.

여기까지 공부하고 수능을 봐도 집합과 행렬만 공부한 학생보다는 성적이 좋습니다. 왜냐하면 수능에도 어느 단원에서 출제되든 쉬운 문제가 나오기 마련이니까요.

처음부터 끝까지 '유형문제'와 '유제문제'를 독파했으면, 이제 다음 단계인 '중단원 연습문제'를 처음 단원부터 끝 단원까지 봅니다. 이렇게 점점 더 수준을 높여 올라가는 것입니다.

차근차근 공부하면 됩니다. 자기 실력에 맞는 것까지 올라가면 됩니다. 어느 정도 올라가서 더 올라가기 힘들더라도 괜찮습니다. 그 수준까지는 풀 수 있으니까요. 꼭 모든 수준의 문제를 다 푸는 수학의 달인이 될 필요는 없지 않습니까? 최고난도의 문제는 머리 좋고 잘난 전교 1등에게 양보해도 됩니다.

중하위권 학생들은 자기 혼자만의 문제집을 이렇게 공부해야 합니다. 인강을 들을 때도 마찬가지고요.

이런 방법으로 독파하는 것이 공부도 조금 더 재미있게 하고, 들인 시간에 비해 점수 효율도 높습니다. 앞단원만 빠삭하

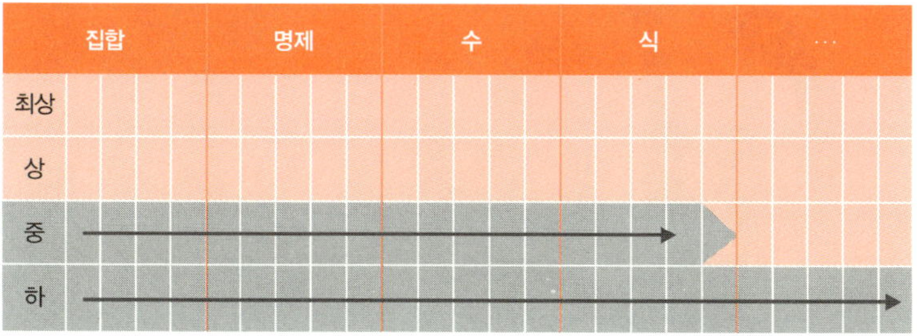

게 아는 것보다 얻는 게 많죠. 실제 수능에서 수리영역 나형은 몇 문제만 제대로 풀면 3, 4등급도 가능한, 조금은 씁쓸하고도 이상한 영역입니다.

간혹 학생들은 학원선생님들이 내준 어려운 문제를 가지고 옵니다. 전혀 자기 수준에 안 맞는 문제를 가지고 오는 경우도 많습니다. 저를 시험해보기 위해 가지고 오는 학생도 있어요. '이걸 이 선생님은 풀 수 있나?' 하고 말입니다. 그러면 저는 이렇게 말합니다.

"이건 풀지 마. 안 풀어도 돼. 이거 풀려고 고생할 시간에 다른 문제 5개를 풀 수 있어. 수학을 왜 공부하니? 이거 풀려고 공부하나?"

사실 그 문제를 풀어줘도 그 학생은 이해하지 못합니다. 제 풀이를 좇아가며 고개를 주억거릴 뿐이죠. 그러니 순간의 풀이

기억 외에는 남지 않는 경우가 많습니다. 패배감만 쌓일 수도 있고요. 좋은 점이라고 해봐야 "와! 선생님 대단해요!" 하고 충성심을 강화하는 게 고작입니다. 가끔 그 충성심을 강화하기 위해 아주 어려운 문제를 내주는 일부 학원선생님들을 생각하면 좀 씁쓸합니다.

수학은 남들이 못 푸는 문제를 풀기 위해 공부하는 게 아닙니다. 그런 것은 수학자들이 하면 됩니다. 다시 말하는데, 수학공부는 여러 재료를 이용해 수학적 사고력을 단련하는 공부입니다.

"에이, 쌤도 못 풀죠?"

"그래! 나도 못 푼다!"

뭐, 가끔 그게 사실일 때도 있습니다. 아주 가끔….

- ◆ **공부 열심히 하겠다는 결심만 하지 말고,**
  자기만의 문제집을 꼭 마련하자.
- ◆ **방학에도 얇은 수학문제집 한 권은 꼭 독파하자.**
- ◆ **문제집을 사서 자신에게 맞는 문제수준을 설정해 거기까지만 풀자.**
  하위권이라면 단원종합문제나 수능대비문제는
  굳이 지금 안 해도 된다.
  진도를 빨리 빼는 것이 아주 중요해!
  전체를 처음부터 끝까지 보면 시야가 달라진다.
- ◆ **한 번 본 문제집을 다시 또 한 번 풀자.**
  다시 풀 때는 다음 단계 문제까지!

11

선생님이 해답을 보면서 공부하지 말라고 하셨잖아요. 그래서 해답 부분을 찢어 책상 서랍 깊숙한 곳에 넣어놓았죠.

하지만 문제를 하나도 모르겠는데 어떻게 해요?

그래도 계속 문제만 봐야 하나요? 아, 미칠 것 같아요.

해답을 보면 안 된다고 하시는데, 저 같은 사람은 그럼 어떻게 공부하냐고요!

선생님들이 수학공부법을 가르쳐주면서 가장 많이 이야기하는 것이 바로 "해답을 보지 말라!"입니다.

왜냐하면 학생들 중에는 오른손 검지를 해답 페이지에 끼우고 눈으로 문제를 보다가, 해답 페이지로 가서 해설을 보고, 다시 다음 문제를 보고 다시 해설을 보고… 그러는 친구들이 많거든요. 이런 학생들은 아주 공부를 못하는 학생들이 아니라 어느 정도, 즉 중간이나 중상은 하는 학생들입니다.

그런 공부방법을 '눈공부'라고 하는데, 물론 그것도 공부이기는 합니다. '손공부'보다 시간도 적게 들고 재미도 있지만, 문제점이 많습니다. 완전히 익히지 못하고, 깊이 알지 못하고, 실수를 많이 하게 만드는 공부거든요.

중하위권 학생들 중에도 쉽게쉽게 해답부터 보는 친구들이 있는데, 대개 참을성이 없어서 그렇습니다. 답답하니까 해답을 보고, 그래도 모르니까 또 답답해하는 것이죠.

그런 모습을 보면서 선생님들이 하는 충고가 "해답 보지 마!"입니다. 이 말을 해석하자면 이렇습니다.

"눈공부 하지 말고 손공부 해!"

"좀 끈기를 가지고 문제를 풀어봐!"

그런데 잘못 이해해서 자신의 상황과는 상관없이 무조건 해답을 절대 안 보는 학생들이 있습니다. 이런 학생들은 거의 울 것 같은 얼굴로 답답해 미칠 지경이 되거나, 해답을 보면서 죄책감을 느낍니다.

그런데 수학공부를 하면서 해답, 해설을 전혀 보지 않는다는 것은 말도 안 되는 일입니다. 과장된 표현이거나 뜻이 와전된 것이죠.

　실제로 공부 좀 한다는 학생들을 보세요. 그 학생들은 문제를 풀고 해답을 확인합니다. 그리고 자기가 푼 문제가 틀렸을 경우 해설도 찬찬히 살펴보죠. 핵심은 해답을 보느냐 안 보느냐가 아니라 손공부를 하느냐 안 하느냐, 끈기 있게 문제를 풀어보고 해답을 보느냐 아니냐입니다.

　그럼 지금부터 해답과 해설을 활용하는 방법에 대해 이야기해봅시다.

　첫째, 문제풀이와 해답보기를 한 문제씩 하지 마세요.

　연습문제나 단원평가 같은 묶음 단위를 일단 다 푼 다음, 채점해 틀린 개수를 확인하고, 그러고 나서 틀린 문제의 해답과 해설을 하나하나 살펴봅니다. 묶음 단위로 풀 때는 시험을 보듯 자세한 풀이도 써가며 풀어야 합니다. 그래야 나중에 해설을 볼

때 자신의 풀이와 비교하며 어디에서 잘못 생각했는지 확인할 수 있습니다.

둘째, 해답과 해설을 볼 때는 명함이나 작은 종이로 가리면서 한 줄씩 봅니다.

그렇게 보다보면 어느 순간 "아하!" 하고 무엇을 잘못했는지 깨닫게 될지도 모릅니다. 그러면 그다음 줄은 확인하지 않고 뒤를 이어서 풀어봅니다. 계산해서 답이 나온 뒤 종이를 들춰봤더니 자기가 계산한 게 정답이라면 하늘을 날아갈 듯 기분이 좋아진답니다.

셋째, 그래도 모르겠으면 친구들이나 선생님에게 물어봅니다.

이때 자기가 어디까지 이해했고, 어디서부터 무슨 이야긴지 모르겠다는 것을 확실히 표시해서 보여주어야 합니다.

넷째, 확실히 이해가 됐으면 해답을 덮고 다시 풀어봅니다.

보통 친구나 선생님들이 설명해주면 "아!" 하고 고개를 끄덕이고 맙니다. 그러지 말고 그 문제를 혼자 다시 풀어보십시오. 이상하게도 혼자서는 풀 수 없을 때가 많을 것입니다. 들을 때는 분명히 알아들었는데 말이죠. 그럴 때 다시 해답과 해설을 펴 보는 것입니다.

이 과정은 대단히 중요합니다. 이 과정을 거치지 않는다면, 결국 눈공부와 별반 다를 게 없습니다. 다시 한 번 이야기하지만, 보고 듣는 수학은 수학이 아닙니다. 수학은 정답이 아니라 정답을 찾아가는 과정이 중요한 과목입니다. 이것이 다른 과목과 다른 점이죠.

다른 과목의 경우 정답이 어떤 의미를 지닌 단어나 문장이지만, 수학에서는 정답 자체가 아무 의미도 없습니다. 그저 숫자나 문자에 불과합니다. 정답은 어떤 값도 가능합니다. 그것에는 옳고 그른 것이 없습니다. 문제는 과정입니다. 과정에는 옳고 그른 것이 있습니다. 우리가 정답이 틀렸다고 할 때, 그것은 그 과정이 틀렸다는 것을 말합니다.

인생도 이와 마찬가지입니다. 과정이 훌륭해야 훌륭한 인생입니다. 여러분은 지금 여러분의 과정에 최선을 다하고 있습니까? 인생의 말년에 마침내 자신의 해답지를 열어보았을 때, 그곳에 쓰여 있는 해설을 보며 빙긋 미소 지을 수 있을까요?

- ◆ 연습문제, 종합문제 등 묶음 단위로 다 풀어본 뒤 해답·해설을 확인하자.
- ◆ 해설은 명함 등으로 가리며 한 줄씩 보자.
- ◆ 틀린 문제는 혼자 힘으로 꼭 다시 풀어보자.

12

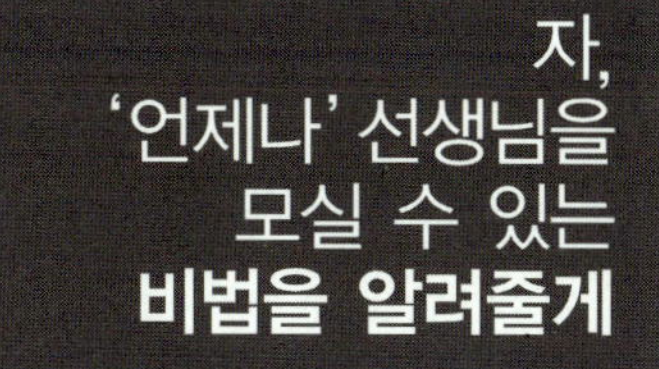

스스로 학습, 자기주도학습이 중요하다고 하잖아요. 선생님도 수학은 혼자 공부하는 시간이 중요하다고 그러셨고요.

그런데 혼자 공부하다보면 정말 답답할 때가 많아요.

내가 아는 문제는 풀고, 모르는 문제는 못 풀면 성적이 좋아지는 게 아니잖아요.

시간이 너무 아깝기도 하고, 모르는 문제를 계속 보고 있자니 화도 나고….

혼자 공부하는 것이 정말 좋은 공부법인가요?

수학은 꼭 혼자 공부할 필요가 있으면서도 혼자 공부하기 힘든 과목입니다. 어느 정도 실력 있는 학생이야 그게 가능할지 모르지만, 아직 기초가 부족하고 수학이 힘든 학생들의 경우 독학이 거의 불가능합니다. 일단 답답하고 괴로워서 심리적으로 공부하기가 어렵습니다. 봐도 모르는 내용을 30분 동안 계속 들여다보고 있으면 이렇게 계속 공부를 해야 하나 의문이 들죠.

그렇다고 강의만 듣는 것도 좋은 방법이 아닙니다. 들을 때는 다 알아들었던 내용도 혼자 공부하면 느낌이 다르거든요. 남이 열심히 떠드는 것을 듣는다고 해서 그것이 자기 것이 되지는 않습니다.

결국 수학공부는 남이 가르쳐주는 것 듣기와 혼자 공부하기를 병행할 수밖에 없습니다. 물리적으로 수업과 독파 시간을 잘 배치하는 것도 중요하겠지만, 아예 방법 자체를 혼합하는 게 더 좋은 방법입니다. 가장 대표적인 것은 물론 개인과외입니다. 하지만 과외를 하기에는 형편이 어려운 학생도 많고, 과외를 하더라도 일주일에 4시간 정도뿐입니다. 과외선생님이 언제나 옆에 붙어 있을 수는 없으니까요.

이 문제를 해결해주는 것이 바로 '수학멘토'입니다. 수학멘토란 수학에 대해 언제나 물어볼 수 있는 친구를 말합니다. 사실 각 교실에는 이미 많은 수학멘토들이 있습니다. 그 멘토들을 발 빠른 아이들이 차지하고 있고요.

수학은 그럴 수밖에 없는 과목입니다. 수학을 잘하고 싶으면 수학멘토가 있어야 합니다. 이제 주위를 둘러보고 자기보다 수학을 잘하는 학생들 중에서 수학멘토를 정합시다. 친구에게 물어보는 게 처음에는 좀 쑥스럽겠지만, 계속 노력하면 익숙해질 것입니다.

깊이 생각도 안 하고 무조건 물어보는 팔푼이도 문제지만, 창피해서 물어보지 않고 아는 척하는 것도 바보입니다. 그런 태도로는 아무것도 해결할 수 없습니다.

배운 다음에는 꼭 고맙다고 해야 합니다. 자기 시간을 쪼개 친구를 위해 설명해준다는 것은 정말 고마워할 일입니다. 또 그렇게 마음의 표시를 해야 그 친구도 가르쳐주는 일을 좋아하게 될 거예요. 가끔 과자 같은 것으로 고마움을 표시하는 것도 나쁘지 않습니다.

수학멘토는 반에 3명 정도면 더욱 좋습니다. 친구에게 "너한테만 계속 물어보면 미안하니까 돌아가면서 물어보려고." 하고 솔직히 말하세요. 그러면 친구는 여러분의 배려에 좋은 느낌을 받고 더욱 성심껏 도와줄 것입니다.

또한 학원이나 도서관 친구 중에도 수학멘토가 1명씩 있으면 좋습니다. 그런 친구가 있으면 어딜 가나 과외선생님이 있는 셈이 되니까요. 물론 그런 친구들을 많이 두려면 성격도 좋고 교우관계가 원만해야겠죠?

친구멘토가 있어 좋은 점은 같은 학생의 입장에서 알아듣게 설명해준다는 것입니다. 어떤 학생이 다른 학생에게 어떤 수학 개념을 설명하는 것을 봤는데, 자기들 말로 뭐라고 뭐라고 하고 듣는 학생은 "아!" 하며 고개를 끄덕거리는 게 참 신기했습니다. 저는 하나도 못 알아듣겠던데 말이죠.

교사는 어쩔 수 없이 교사인가봅니다. 교사의 입장에서 생각하고 이해하게 되는 경우가 많죠. 하지만 학생들끼리는 자신들이 어느 부분에서 왜 오해를 하는지, 그것을 정확히 이해하려면 어떤 생각을 해야 하는지 경험으로 깨닫는 것이 있습니다.

그러나 멘토의 활용은 제한적이어야 합니다. 자기가 할 수 있는 공부는 최대한 스스로 하고, 그 과정에서 못 푸는 문제는 다시 한 번 책을 찾아 해결해야 합니다. 그래도 안 되었을 때 비로소 자신의 풀이과정을 '정리해서(!)' 멘토에게 가져가는 것입니다. 아무거나 다 물어보다가는 멘토에게 너무 많이 의존하게 돼 자신의 공부에 도움이 안 될뿐더러 멘토도 짜증이 나서 대충 대답해버리기 십상입니다.

풀이과정을 딱 정리해서 어디가 잘못되었는지 봐달라고 하면 멘토도 기분 좋고, 듣는 입장에서도 정리가 더 잘될 것입니다. 또 그것을 모아놓으면 진짜 생생한 오답노트로서 좋은 시험공부 자료가 되죠.

만약 친구멘토에게서 원하는 설명을 듣지 못할 경우에는 가장 높은 멘토인 선생님을 찾아가야 합니다. 선생님에게 갈 때도 '질문노트'를 하나 만들어 문제와 자신의 풀이를 자신이 할 수 있는 만큼 적어서 가져가는 게 좋습니다. 학교선생님들은 학생들이 생각하는 것보다 바쁘시거든요. 노트를 드리고 오면 선생님이 시간 나실 때 그것을 풀어보고 어디서 잘못 생각했는지 찾아내실 것입니다. 그리고 수업시간에 가져오셔서 설명을 해주시거나 따로 불러서 설명을 해주시겠죠.

이 과정에서 중요한 점은 이해가 가지 않는데 설명을 이해하는 척하지 말라는 것입니다. 가끔 잘 모르는데도 창피해서인지 고개를 끄덕거리며 아는 척하는 학생들을 봅니다. 풀이를 써주었으니 빨리 이 창피한 시간을 끝내고 나중에 혼자 찬찬히 훑어보며 생각해보겠다는 것인데, 이는 잘못된 자세입니다. 자꾸 그렇게 이해하는 척하면 그 학생이 어디에서 막히는지, 무엇을 잘못 생각하고 있는지 멘토들이 알 수 없습니다.

그렇게 되면 올바른 지도가 이루어지지 못합니다. 약한 부분은 계속 약한 채로 남고, 습관적으로 잘못 생각하는 것은 계속 잘못 생각하게 됩니다. 이해가 잘 안 가는 부분은 알아들을 때까지 물어봐야 선생님이든 친구들이든 그 학생의 약점을 파악하고 정확히 조언해줄 수 있습니다.

흔히 배움에는 자존심이 있을 수 없다고 합니다. 맞는 말입니다. '겸손과 솔직'을 바탕으로 했을 때만 제대로 배울 수 있습니다.

수학멘토와 관련해 하나 덧붙이고 싶은 말이 있습니다. 설명을 듣고 난 뒤 그 문제를 꼭 혼자 힘으로 다시 풀어보라는 것입니다. 거듭 강조하지만, 수학은 듣는 것과 직접 푸는 것이 다릅니다. 들을 때는 분명 알았는데 자기 혼자 하려니 또 막히는 문제가 있을 것입니다. 그러면 친구나 선생님의 설명을 다시 살펴보기 바랍니다. 그래도 기억이 안 나면 다시 다른 멘토에게 가야겠죠. 그리고 설명을 들은 다음에는 또다시 풀어보는 시간을 가져야 합니다. 잊지 마세요. 수학은 혼자 풀 수 있어야 비로소 '안다'고 할 수 있다는 것을.

수학멘토가 백마 탄 왕자나 수호천사인 것은 아닙니다. 자신의 수학을 해결할 사람은 전적으로 자신뿐이니까요. 하지만 도움을 잘 받는 것 또한 본인의 학습능력입니다. 주위의 실질적인 도움을 최대한 이끌어내도록 노력합시다. 그리고 나중에 여러분도 자신을 도와준 그들처럼 좋은 멘토가 되기를 바랍니다. 자신에게 도움을 청하는 친구가 있을 때 인상 찌푸리지 말고 정성껏 설명하고 도와주라는 말입니다.

사실 여기에 수학공부의 비밀이 또 하나 숨어 있습니다. 바로 수학은 혼자 공부할 때보다 남에게 설명할 때 학습효과가 3배 더 크다는 사실입니다.

학급 내 수학멘토들의 표정을 잘 관찰해보세요. 그들은 절대 귀찮아하지 않습니다. 심지어 다 설명해주고 앞으로 돌아앉으면서 때는 씩 웃기도 한다고요. 가르치는 일이 자신에게도 큰 도움이 된다는 것을 알기 때문입니다.

자! 묻는 멘티가 아닌, 알려주는 멘토가 되는 그날까지 파이팅합시다!

- ◆ 수학멘토를 확보하자! 교실에서 3명 정도,
  학원과 도서관 친구도 1명씩!
- ◆ 최대한 자기 풀이를 만들어보고 그것으로 질문하자.
- ◆ 모르는데 아는 것 같은 표정 짓지 말자. 다 들켜!
- ◆ 설명을 들은 후엔 꼭 혼자 다시 풀어보자.
- ◆ 자신보다 수학을 못하는 친구들에게는 정성껏 가르쳐주자.

13

수학시간만 되면 5분을 못 버팁니다.

정신 차리고 선생님 수업에 집중하려고 해도 칠판 글씨가 금세 어른어른해요.

물론 영어나 국어, 국사 등 다른 과목도 그렇지만, 수학만큼은 정말 잘하고 싶거든요.

그런데 수학시간이 오히려 더 심해요. 다른 과목들은 그래도 20분은 버티는데…. 도대체 어떻게 해야 할지 모르겠어요.

제 의지와는 상관없는 일인 것 같아요.

뭘 들어야 알 텐데, 정말 큰일이에요.

혹시 들어봤나요? "인간은 아무리 노력해도 30분밖에 집중할 수 없다."는 자신의 논문주제를 3시간 동안 쉬지 않고 강의한 노교수가 있었답니다. 실제로 있었던 일인지 우스갯소린지는 모르겠어요. 하지만 역시 가르치는 입장과 배우는 입장은 많이 다른가봅니다.

선생님들은 하나라도 더 정확히 가르치기 위해 노력합니다. 수학의 생명을 엄밀성과 진지함이라고 생각하는 선생님들은 세세한 부분까지 정확하고 진지하게 접근합니다. 그것이 학생들에게는 굉장한 부담과 압박으로 다가갈 수 있겠죠.

게다가 내용도 거의 파악하지 못하는 중하위권 학생들은 웅웅웅웅, 선생님의 말씀이 10km 밖에서 들려오는 발전기 소리처럼 점점 멀어집니다. 곧 정신을 잃게 되죠.

선생님 입장에서 볼 때도 참 신기합니다. 금방 "안녕하세요! 하하하!" 하던 아이가 채 5분도 안 돼 잠들어 있으니까요. 좀 서운하고 화가 날 때도 있지만, '어떻게 저럴 수가 있지? 완전 기네스북감이다.' 하는 생각이 들기도 합니다.

그런데 선생님들 중에도 학교 다닐 때 한 번도 안 졸았던 사람은 아마 없을 겁니다. 저도 마찬가지고요. 심지어 제 친구 기현이는 아주 무서운 선생님 시간에 졸지 않으려고 버티다가 옆으로 넘어져 머리를 다치기까지 했답니다.

그 선생님 시간은 다 같이 졸음과 사투를 벌이는 시간이었습니다. 맘대로 졸 수도 없고, 그렇다고 밀려드는 졸음을 막을 수도 없었던 그 녀석은 머리로 커다란 반원을 그리며 바닥으로 꼬꾸라졌죠. 그 순간, 꽝 소리가 교실에 울려퍼졌습니다.

"선생님! 기현이 기절했어요!"

한 학생의 외침에 놀란 선생님은 기현이를 업고 교실을 나갔습니다. 그러자 아이들은 마치 바람에 쓰러지는 갈대처럼 순식간에 책상에 엎드렸어요. 기현이에게 고마워하면서.

수업시간에 잠이 오는 것은 시대와 공간을 초월하는 현상인 것 같습니다. 과연 이 문제에 대한 답을 누가 내놓을 수 있을까 하는 생각이 듭니다. 그래도 그나마 조금이라도 깨어 있을 수 있는 방법에 대해 함께 궁리해봅시다.

첫째는 당연히 충분한 수면이죠.

학생들에게 왜 그렇게 자냐고 물어보면, 가장 많이 하는 말이 어젯밤에 늦게 잤다는 겁니다. 한숨도 못 자고 왔다는 학생도 많은데, 그 이유는 대개 인터넷입니다. 12시까지 TV를 보다가 방에 들어가서 친구들과 채팅하고 게임하느라 새벽을 뜬눈으로 보내는 것이죠. 물론 늦게까지 아르바이트를 한 학생도, 공부를 한 학생도 간혹 있습니다.

이유가 무엇이든 자신의 건강과 공부를 위해서는 잠자는 시간을 충분히 확보하는 것이 중요합니다. 특히 TV나 컴퓨터를 너무 오래 하면 눈과 몸의 근육에 피로감이 더 쌓입니다. 너무 오래 모니터를 주시하지 마세요.

둘째, 수업시간의 바른 자세입니다.

머리채를 누가 당기고 있다는 느낌으로 허리를 곧추세우고 앉아보세요. 턱을 당기고 손은 책상 위에 얹지 않습니다. 그리고 복식호흡을 하는 것이 좋아요. 마치 폭포 밑에서 수련하는 것처럼 경건하고 바른 자세를 유지하면 수업에 집중하기가 조금 수월해집니다.

셋째, 쉬는 시간이나 점심시간을 활용하세요.

계절에 따라 다른 방법을 써야 하는데, 봄가을에는 시원한 바람을 쐬는 것이 좋습니다. 건물 밖으로 나가 기지개도 켜고 스트레칭도 하고요. 여름에나 너무 피곤할 때는 쪽잠을 자는 것도 좋은 방법입니다. 스페인이나 남미 등 더운 지역에 가면 '시에스타'라는 전통이 있어요. 관공서나 상점이 모두 문을 닫고 낮잠 자는 시간을 말하죠. 실제로 30분 정도의 낮잠은 원기를 회복시키고 지적 능력을 높여준다고 합니다.

고등학교 때 점심을 먹고 스트레칭을 한 뒤 낮잠을 자는 친구가 있었어요. 아버지가 가르쳐주신 방법이라면서 어려서부터 그렇게 했다고 했습니다. 그 친구가 낮잠을 자는 이유는 수업시간에 졸지 않는 것 말고도 하나가 더 있었어요. 친구의 말에 따르면, 자고 난 직후의 무의식 상태일 때 암기가 가장 잘된다고 합니다. 주로 영어단어 같은 것을 외우는데, 보기에는 몽롱한 상태인 것 같지만 자신도 모르게 기억에 많이 남는다는 것입니다.

넷째, 방청객 모드로 돌입하는 겁니다.

꼭 겉으로 드러날 필요는 없고, 선생님의 표정 하나하나에 속으로 과장된 리액션과 표정을 지으면 됩니다. 칠판 또는 선생님과 마음속으로 대화를 한다고 할까요? '어?', '음…', '아!', '그럼 저건…', '하하!' 하는 식으로요. 이것이 좀 익숙해지면 겉으로도 자연스럽게 그런 감정이 드러나고, 선생님도 그 학생에게 눈을 맞추게 됩니다.

수학수업에는 지금 현재에 집중하는 것이 좋습니다. 수업을 듣다보면 앞 상황을 놓치는 경우가 있는데, 앞에 나온 것은 몰라도 되니 지금 내용에 집중하는 버릇을 들이세요.

다섯째, 수업시간에 적당히 질문을 하세요.

이것은 선생님의 스타일에 따라 다를 수 있습니다. 어떤 선생님은 설명 도중에는 질문을 안 받기도 하니까요. 그런 경우에도 질문할 내용을 미리 적어두었다가 문제를 푸는 시간에 질문을 하는 것이 좋습니다. 질문을 잘 받아주는 선생님이라도 너무 자주 질문하면 수업의 흐름을 깰 수도 있으니 적당히 해야겠죠. 하지만 아무리 뜬금없고 쉬운 내용에 대한 질문이라도 수업시간에 한 번씩은 질문하는 버릇을 키우면 나름대로 수업이 수월해집니다.

이 밖에도 개인적인 방법이 있겠죠. 문구점에서 눈에 바르는 졸음퇴치제를 팔던데, 그게 괜찮은지는 잘 모르겠네요. 제가 학교 다닐 때 주로 썼던 방법은 '조는 학생 구경하기'입니다. 다른 학생이 조는 것을 구경하면 그게 얼마나 재미있는지 자신은 졸지 않게 된답니다. 그런가 하면 발바닥이나 뒷목에 냉파스를 붙이고 수업을 하는 친구들도 있었습니다. 졸리면 자진해서 교실 뒤에 나가 수업을 받겠다고 하는 학생도 있었고요.

그렇지만 아무리 생각해봐도 수업시간에 조는 문제를 해결하는 데는 역시 방법보다 의지가 중요한 것 같습니다. 생리적인 현상이니 인력으로 얀 되는 부분도 있겠지만 말이에요.
단, 졸고 있는데 깨운다고 성질은 내지 맙시다, 인간적으로! 깨운 선생님이 잘못한 것은 아니니까요. 알았죠?

- 밤에 수면을 충분히!
- 바른 자세로 앉으려고 노력하자.
- 쉬는 시간, 점심시간을 활용하자.
  쪽잠 자기 또는 스트레칭.
- 수업 중에 질문을 하거나 방청객 모드로 돌입하자.

14

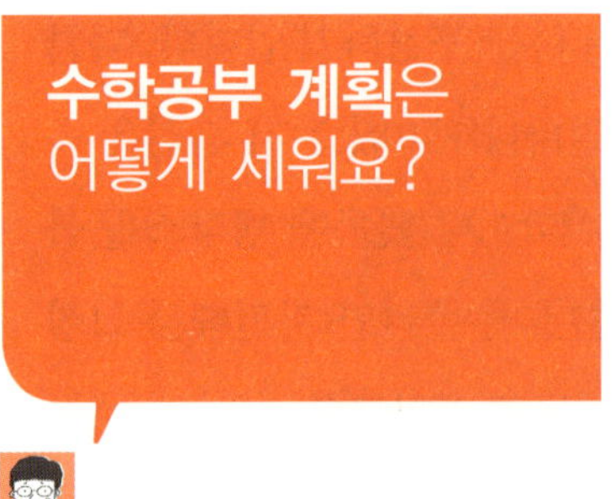

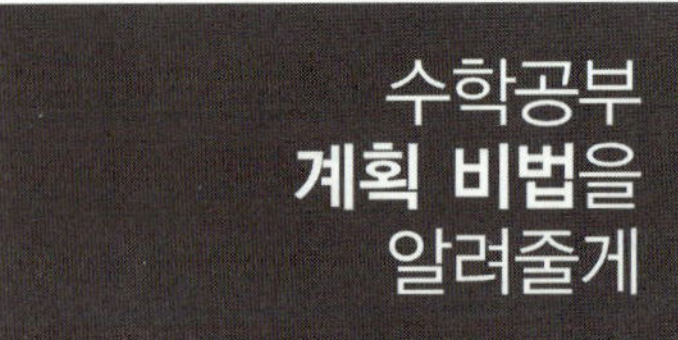

수학공부 계획은 어떻게 세워야 하나요? 계획을 세우면 자꾸 미뤄져요. 난이도에 따라 들쭉날쭉이어서 어떨 땐 1시간에 2문제밖에 못 풀어요. 허무해요. 쉬는 시간에도 문제 좀 풀려고 하면 종이 치고…. 계획 세운 게 아무 소용이 없어요. 짜증이 나죠. 수학공부에는 계획이란 게 절대 존재하지 않을 것 같다는 생각이 들어요.

일단 공부를 하기로 마음먹었다면 반은 된 것입니다. 시작이 반이라고 그러잖아요. 그런데 요즘은 예전과 달리 공부계획을 세울 줄 아는 학생이

줄었습니다. 열정만 있고 우왕좌왕하는 학생이 많죠. 학원에, 과외에, 엄마가 짜준 계획까지 이미 하루 공부시간이 정해져 있고, 그런 생활이 반복되다보니 자꾸 외부의 일정에 의존하게 됩니다. 그러면 스스로 자기를 진단하고 필요한 부분을 공부하는 습관을 들이지 못합니다. 이런 환경에서는 아무리 열심히 공부를 해도 '구경공부', '남의 공부'가 될 가능성이 많습니다. 요즘 다시 자기주도학습의 중요성이 대두되는 것은 바로 그런 공부에 대한 반성이라 할 수 있습니다.

내 공부는 내가 하는 것입니다. 스스로 자신의 학습을 컨트롤할 줄 알아야 합니다. 학습을 컨트롤한다는 것은 자신의 시간을 컨트롤한다는 말과 같습니다. 주어진 시간을 분석하고, 그 시간에 무엇을 해야 하는지, 무엇을 할 수 있는지 판단해야 합니다.

계획 세우기를 좋아하는 학생은 공부를 잘할 가능성이 높습니다. 시시때때로 자신이 공부한 분량을 확인, 수정하고 다시 계획하는 모습은 공부에 대한 관심과 애정의 표현입니다. 그들의 노트와 다이어리, 문제집에는 그리고 머릿속에는 그 관심과 애정의 흔적이 가득합니다.

그럼 공부계획은 어떻게 세우면 될까요?

공부계획을 세울 때 기본원칙은 다음 세 가지입니다.

첫째, 공부계획은 현실적이어야 합니다.

공부계획 짜기의 초보들은 의욕이 앞서서 무리하게 계획을 짭니다. 한 학생의 계획을 보니 한 달에 수학문제집을 한 권씩 나가겠다고 돼 있었습니다. 어떻게 한 달에 한 권씩 나가냐고 물으면 이렇게 답합니다.

"그 정도는 해야죠. 그래야 성적이 오르지 않겠어요?"

그래놓고는 계획을 잘 지키지 못하고 스트레스를 받죠.

자신이 문제를 푸는 데 얼마나 시간이 걸리는지, 1페이지에 어느 정도의 시간을 배당해야 하는지 모르는 것입니다. 이는 옳은 모습도 아닐 뿐더러, 쉽게 지치고 포기하고 마는 가장 큰 이유입니다.

또한 휴식도 계획의 일부라는 것을 알아야 합니다. 적당한 수면과 휴식을 포함시키지 않고 무조건 '공부'로 일과를 채우면 지키기 힘듭니다. 하루 30분은 열심히 공부한 자신을 위해 상으로 주십시오. 자기가 가장 좋아하는 것을 맘껏 하는 시간입니다. 노래를 들어도 좋고, 만화를 봐도 좋고, 춤을 춰도 좋습니다. 대신 그 시간을 기쁘게 즐기려면 자신이 짠 계획을 충실히 지켜야겠죠.

둘째, 공부계획은 언제든 수정할 수 있습니다.

공부를 위해 계획을 짜는 것이지 계획을 지키기 위해 공부를 하는 게 아니잖아요. 공부를 처음 시작하는 학생들은 의욕이 넘쳐 무리한 계획을 지키느라 용을 씁니다. 그러다보니 일정은 꼬이고 자신에 대한 실망감은 커져가죠.

하지만 전혀 그럴 필요 없습니다. 계획은 언제든 수정할 수 있다고 생각하세요. 하루에 10페이지를 보는 게 무리라면 빨리 5페이지로 줄이세요. 또 아주 재미있게 문제를 풀었다면, 그 기분을 몰아 다음 날 분량을 좀 더 늘리면 됩니다.

문제집 페이지마다 적어놓은 목표 날짜를 지우고 다시 쓰고 그렇게 여러 번 바꾼 학생이 더 공부를 열심히 하는 학생입니다. 이미 날짜가 많이 지났는데도 나 몰라라 그대로 놔두는 학생보다 말입니다.

계획을 지키는 것이 먼저가 아니라 잘 지킬 수 있게 계획을 세우는 것이 먼저입니다. 계획이 여러분을 지배하게 하면 안 됩니다. 여러분이 계획을 가지고 놀아야 합니다.

셋째, 공부계획은 아주 구체적이어야 합니다.

'5월까지 이 문제집을 끝내야지!' 하는 생각은 계획이 아닙니다. 다짐이죠.

계획은 가능한 한 구체적이어야 힘을 발휘합니다. 일단 장기간의 다짐을 세우고, 구체적으로 페이지를 나눕니다. 적어도 매일 단위로 나누는 것이 좋습니다.

그런 다음에는 매일 분량을 문제집이나 교과서에 미리 적어놓습니다. 오늘은 27페이지까지라면 27페이지 번호 밑에 오늘 날짜를 적어놓는 식입니다. 심지어 아침/저녁공부로 나누는 학생들도 있답니다.

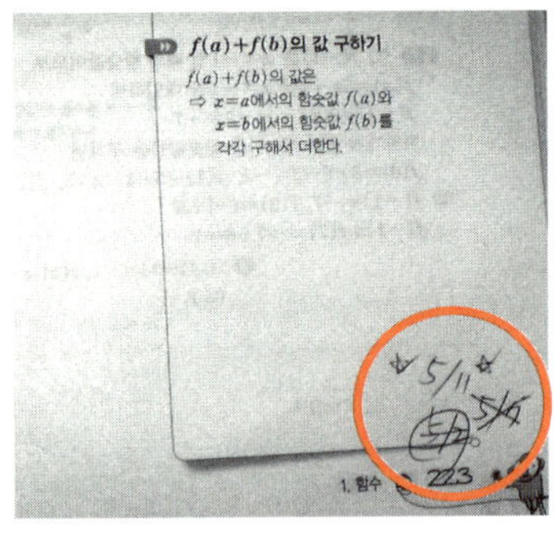

주어진 시간과 공간에 맞게 과목을 배정하는 것도 필요합니다. 그냥 기분 내킬 때 손에 잡히는 과목을 공부하는 식으로는 계획을 완수할 수 없습니다. 예를 들면 이런 방법으로 고민해봅시다.

수학시간 다음의 쉬는 시간에는 수학시간에 배운 내용을 슬슬 훑어보자.

다른 쉬는 시간이나 점심시간에는 영어단어를 3개씩 읽어보고, 친구들과 놀거나 화장실 가면서 한 번씩만 기억해보는 거야. 생각이 잘 안 나면 다음 시간이 시작될 때 한 번 꺼내보는 거지.

아침에 일어날 때랑 자기 전에도 한 번씩 보면 하루에 24개 정도는 보겠군. 뭐, 잊어먹더라도 계속 개수를 채워나가자.

일주일이면 120개, 한 달이면 500개 정도 되겠군. 그럼 이 단어책은 세 달이면 끝나겠네.

그다음에는 같은 책을 단어 5개씩 해서 한 달에 끝낼까? 아님 다른 단어책을 볼까? 뭐, 그건 그때 가서 정하고.

학원에 일찍 도착했을 때는 수학문제를 풀자. 용찬이가 짝꿍이니까 막히면 물어보기가 쉬울 거야. 전날 저녁에 못 풀었던 문제 중심으로 물어봐야지.

이제 수학공부 계획을 이야기해볼까요?

수학은 안정된 시간과 공간이 필요한 과목입니다. 문제에 집중하려면 짬시간이 아니라 어느 정도 긴 시간이 필요합니다. 그리고 시끄러운 공간보다는 길게 집중할 수 있는 조용한 곳이 좋습니다.

어떤 학생들은 과목마다 공부하는 공간을 따로 설정하기도 합니다. 영어는 카페나 휴게실 같은 곳에서 입으로 중얼거리면서 하고, 수학은 독서실에서 하고, 사회나 국사는 친구와 같이 집에서 서로 묻고 답하며 하는 식이죠. 참고할 만한 방법입니다.

하기야 집중이 잘되는 공간은 사람마다 다릅니다. 시끄러운 곳에서 더 집중이 잘된다는 학생도 있어요. 또 음악을 들으면서 공부해야 집중이 잘된다고 하는 학생도 있는데, 이는 음악을 듣기 위한 핑계인 경우가 많습니다. 아니라고요? 그런데 왜 음악을 3곡 듣는 동안 한 문제도 안 풀었을까요? 흠. 한 술 더 떠 친구들과 이야기하면서 공부해야 집중이 잘된다는 학생은 좀….

물론 수학공부에 맞게 안정된 시간과 공간을 할애하기가 쉽지는 않습니다. 하지만 꼭 혼자 공부해야 하는 수학과목에는 그것이 필수적인 환경입니다. 적어도 하루에 1시간은 혼자 조용히 수학하는 시간을 가지기 바랍니다. 그리고 장소는 되도록 항상 정해진 장소가 좋습니다. 자기 방도 좋고, 여의치 않으면 구립도서관도 좋습니다. 학교 자습실을 사용할 수 있다면 그곳도 좋고요.

수학공부 계획은 페이지 단위가 기본이지만, 가끔 문제 단위로 해도 괜찮습니다.

페이지 단위는 지키기가 힘들고, 또 하다보면 흥미가 떨어지기도 합니다. 좀 힘들어지면 문제수를 정해 10문제면 10문제, 15문제면 15문제를 풀고 하루 공부를 끝내는 것으로 계획을 수정합니다. 어느 날은 빨리 끝나고 어느 날은 좀 고생을 하기도 하는데, 그게 또 묘한 즐거움을 줍니다.

문제가 어려워서 주어진 시간에 몇 문제 못 풀어도 상관없습니다. 문제는 몇 문제 안 되지만 어려운 과정에서 만난 수학공부의 내용은 적지 않을 테니까요. 그러니 허무해하지 마세요.

다만 좀 생각해봐야 할 점은, 그런 상황이 계속되면 안 된다는 것입니다. 앞에서도 이야기했듯이 자신에게 걸맞은 문제수준을 찾아 점점 높여야 합니다. 어려운 문제를 1시간 동안 멍때리며 쳐다보고 있을 필요는 없다는 거예요.

당분간 그런 문제는 1등급 학생들에게 과감히 양보하세요. 10분 동안 기싸움을 해도 안 되면 그 문제는 표시해놓고 다음 문제를 풉시다.

이것이 다시 지겨워지면 페이지 단위로 바꿔도 됩니다. 시간 안에 못 풀면 내일로 넘기고, 그게 쌓여서 사흘 분량이 넘어가면 계획을 다시 세웁니다. 굳게 마음먹고 페이지마다 목표날짜를 다시 적습니다.

수학도 짬시간을 활용할 수 있습니다. 특히 내신공부를 할 때는 공식을 외우는 게 중요할 수 있습니다. 시험범위에 나오는 공식들을 정리해 카드를 만들고 짬시간에 틈틈이 봅니다.

'훑어보기'도 큰 도움이 됩니다. 자기가 지금까지 공부한 것을 그냥 편하게 훑어보는 것이죠. 문제가 눈에 쏙쏙 들어오는, 의외로 재미있는 경험을 하게 될 것입니다. 이에 대해서는 이후 시험공부 방법을 이야기할 때 더 자세히 다루겠습니다.

그런가하면 이벤트식 공부를 해보는 것도 좋습니다.

방학이나 연휴 등 특별한 기간에는 이벤트식 공부를 계획해 보는 것입니다. 기본적인 독파 문제집에 덧붙여 전년도의 취약 단원을 집중적으로 공부해본다거나, 기초탄탄 계산문제를 하루에 30분씩 연습해 바라는 속도를 성취하는 것이죠.

예를 들어 '이차함수 2주 집중공략'을 이벤트로 정했다고 합시다. 그러면 교과서나 익힘책 또는 문제집의 이차함수 부분만 2주 동안 공부하는 것입니다. 욕심내지 말고 딱 그 부분만 탐독합니다. 다음 학기의 내용과 관계가 있는 단원이라면 더 좋겠죠.

또 '각 유형의 인수분해 10개씩 10분 안에 끝내기 달성' 같은 이벤트도 좋습니다. 시계를 놓고 인수분해를 합니다. 만약 10분 안에 10문제를 풀 수 있으면 그 유형의 인수분해에 대한 공부는 끝냅니다. 그게 안 되면 왜 틀렸는지 다시 풀어보고 그 유형의 다른 문제를 5개 더 풀어봅니다.

'약 100알 먹기(100문제 풀기) 운동'도 좋습니다. 이 방법은 앞에서 이야기한 대로 문제집이나 인터넷자료들을 활용해 1번부터 100번까지 미리 번호를 매긴 다음 개수를 체크하면서 풀어나가는 것입니다. 100문제를 푸는 날에는 기념으로 티셔츠를 하나 삽니다. 만약 연립방정식 100문제를 풀고 티셔츠를 샀다면, 그 티셔츠는 영원히 '연립방정식 100알 달성 기념 티셔츠'로 남을 것입니다.

짧은 연휴 때도 이런 이벤트를 하나 정하면 재미있게 공부할 수 있습니다. 그리고 달성하면 마음껏 노는 것이죠. 너무 긴 이벤트는 실패합니다. 짧고 강한 게 좋아요.

우리는 살면서 많은 계획을 세웁니다. 크게는 인생계획, 짧게는 쉬는 시간 매점이용 계획도 세우죠. 세상 모든 일이 계획대로만 되면 좋겠지만, 대부분 그렇게 되지 않습니다.

하지만 그래도 계획은 무조건 쓸모가 있습니다. 계획이 우리에게 쓸모가 있는 것은 그대로 딱 들어맞아서가 아닙니다. 계획을 세우면서 자신이 처한 환경과 자기 자신을 객관적인 시선으로 들여다볼 수 있기 때문이죠. 또한 목표에 대한 열정을 스스로 확인할 수도 있고요.

언제나 계획하는 사람이 되십시오. 그러면 길이 보이고, 그 길을 잃지 않을 것입니다.

- ◆ 현실적으로 실현 가능한 계획을 세우자.
- ◆ 공부의 추이를 보고 계획을 수정해야 할 때는 수정하자.
- ◆ 수학공부를 하는 공간과 시간을 정하자.
- ◆ 페이지 단위 또는 문제수 단위로 매일의 분량을
  아주 구체적으로 짜자.
- ◆ 짬시간에 할 수 있는 공부를 찾자.
- ◆ 이벤트식 공부계획을 세워보자.
- ◆ 계획을 달성했으면 자신에게 작은 기념품을 주자.

15

다른 과목들은 시험 전날 공부하면 돼요. 그런데 영어랑 수학은 그렇지 않더라고요. 일찍 시작한다고 하는데도 꼭 시간에 쫓겨 중간까지밖에 못 봐요. 그러면 조급해져서 문제와 답만 외우죠.

그런데 참 희한한 게 외운 문제는 시험에 안 나와요. 나와도 숫자가 바뀌어서 나오고요. 머리도 나쁜데 운도 없고…. 혹시, 시험공부를 하는 특별한 방법이 없을까요?

우리나라 학교는 시험을 중심으로 돌아가는 경향이 있습니다. 공부를 하고 나서 그것에 대해 평가(시험)를 해야 하는데, 현실은 시험에 맞춰 공부를 할 수밖에 없죠.

1년에 공부해야 하는 양이 정해져 있으니 어쩔 수 없는 노릇입니다. 그래서 여러분은 "저 인수분해가 왜 저렇게 되죠?"라는 질문보다 "이거 시험에 나와요?", "이번 시험문제 어려워요?", "어느 단원에서 많이 나와요?"라는 질문을 훨씬 더 많이 합니다. 공부내용보다 시험에 대한 질문을 많이 한다는 게 이상하긴 하지만 어쩔 수 없는 현실이죠.

수학시험을 잘 보는 방법이 뭐냐고 물어보는 학생이 많습니다. 그러면 제가 뭐라고 대답할까요?

"어… 비결이 있지. 공부를 열심히 하면 돼!"

그러면 반응이야 뭐, 과격합니다. 화를 내죠. 하하.

하지만 사실 따지고보면 시험공부 방법으로 특별한 게 뭐가 있겠습니까? 평소에 수업 잘 듣고, 교과서 충실히 보고, 열심히 공부하는 게 방법이라면 방법이죠.

시험공부 잘하는 방법은 이렇게 아주 단순합니다. 일단 평소에 수업을 집중해서 잘 들어야 합니다. 학교시험은 가르치는 선생님이 시험문제를 냅니다. 선생님의 성향과 스타일이 그대로 시험에 반영되죠. 그러니까 선생님이 평소에 강조하는 지점이나 유형이 있다면 체크를 해놓는 게 좋습니다.

특히 시험 직전에는 선생님의 눈빛과 말투에서 참 많은 정보를 얻을 수 있습니다. 물론 아무리 힌트를 줘도 못 알아채는 학생들도 있지만, 센스 있는 학생들은 순간적으로 제 표정만 보고도 눈을 마주치며 무섭게 씩 웃기도 합니다. 공포 영화가 따로 없죠.

중하위권 학생들은 시험공부를 할 때 일단 교과서 문제를 충실히 한 번씩 풀어봐야 합니다. 익힘책이나 문제집은 그것을 하고 시간이 남으면 해도 됩니다. 다 공부하는 것을 목표로 삼아야겠지만, 그래도 순서가 있습니다. 선생님이 인쇄물을 주셨다거나 시험범위에 대해 특별한 언급을 하신 것이 아니라면 교과서부터 독파하는 것이 옳은 시험공부법입니다.

그리고 마지막 비결은 아주 열심히 공부하는 것입니다. 아주 열심히! 그러면 시험을 잘 볼 수 있습니다. 무슨 그게 비결이냐고요? 생각해보세요. 이것을 안 하면서 다른 것을 바란다면 그건 욕심입니다!

여기에 굳이 수학시험공부법 몇 가지를 좀 보태겠습니다.

첫째, 앞의 질문에도 있듯이 수학은 시험공부를 일찍 시작해야 하는 과목입니다. 시험공부 계획은 수학과 영어 위주로 짜는 것이 좋습니다. 수학의 경우 시험범위를 적어도 2번 보는 것을 기준으로 잡아야 합니다. 그러면 대충 자신이 언제부터 시작해야 할지 감이 잡힐 것입니다.

물론 처음에는 교과서부터 공부합니다. 교과서 문제를 다 풀었으면 그다음은 익힘책을 푸는 순서로 갑니다.

시험문제의 난이도는 보통 이렇게 진행됩니다.

책 문제 〈 익힘책 문제 〈 책에도 익힘책에도 없는 수능유형문제

하위권이라면 '책에도 익힘책에도 없는 수능유형문제'는 대범하게 1, 2등급 학생들에게 양보하세요. 중하위권 학생들은 익힘책 문제까지만 확실히 공부하는 것도 좋은 전략입니다.

학교시험 문제는 책과 익힘책을 기반으로 하고 있습니다. 왜냐하면 학교시험이니까요. 그리고 이건 비밀인데, 교과서나 익힘책 문제들은 교과서 회사에서 파일로 주기 때문에 선생님들이 문제를 내기가 수월하답니다. 그래프 문제나 도형 문제를 완전히 새로 내려면 엄청 힘들거든요.

그럼 문제와 답만 외우면 되냐고요? 그건 좋은 방법이 아닙니다. 선생님들은 책과 똑같은 문제를 거의 안 내니까요. 또 본질적으로 그것은 수학이 아니기 때문입니다. 수학은 '생각하기'잖아요. 그런데 그것은 그냥 외우기거든요.

선생님들 중에는 외워서 답만 맞히는 것을 혐오하는 분들이 많습니다. 그래서 운만 믿고 '문제–답'을 외우는 일은 바보 같은 짓일 확률이 높습니다. 물론 열심히 공부한 학생들을 배려하는 차원에서, 또는 평균을 어느 정도 높이기 위해 교과서 문제를 그대로 낼 수는 있습니다. 선생님마다 다르겠죠.

하지만 대부분의 선생님들은 문제를 바꿔서 출제합니다. 숫자만 살짝 바꾸기도 하고, 아예 설정 자체를 바꾸기도 하죠. 두 가지 방법을 다 쓰면서 난이도를 조절합니다.

교과서를 열심히 공부했는데 '내가 공부한 게 안 나왔다'고 느끼는 학생들이 많습니다. 그것은 선생님들이 문제를 바꾸면서 일어나는 착각입니다. 시험에 나온 문제가 자기가 공부한 문제라는 것을 알아차리지 못하는 것이죠.

다음 중학교 1학년 교과서 문제를 한번 봅시다.

현재 아버지의 나이는 47세, 아들의 나이는 15세이다. 아버지의 나이가 아들의 나이의 2배가 되는 것은 몇 년 후인가?

이 문제를 선생님은 이렇게 바꿔 시험에 냈어요.

어때요? 다른 문제인가요? 단순히 나이를 한 살씩 내렸을 뿐
두 문제는 같은 문제입니다. 그러니 답도 1년 늘겠죠. 교과서
문제는 답이 17년이고, 시험문제는 답이 18년입니다.

뭐라고요? 아버지와 아들이 삼촌과 조카로도 바뀌었다고요?
이런! 그런 위대한 발견은 안 해도 됩니다.

또는 앞의 교과서 문제를 이렇게 바꾸었다고 생각해봅시다.

다른 문제인가요? 아니, 이것도 같은 문제입니다. 설정을 나
이에서 저금액으로 바꾼 것뿐이죠. 다시 두 문제를 찬찬히 읽어
보세요.

자, 이번에는 숫자와 설정을 다 바꿔볼까요?

이런 식으로 설정에다가 숫자까지 바꾸면 시험지를 받은 학생은 이렇게 말합니다.

"아, 선생님이 거짓말을 하셨어. 책에서 다 내신다더니!"

하지만 그것은 학생의 착각입니다. 이 문제는 교과서에 있는 문제와 같은 문제니까요. 찬찬히 읽으면서 비교해보세요.

같은 문제들을 같은 문제로 볼 줄 아는 눈이 있어야 합니다. 시험공부를 할 때 문제를 정말 정성껏 잘 풀었다면 같은 문제라는 것을 알아챌 수 있습니다. 그런데 해답을 펼쳐보며 눈으로만 공부한 학생들은 그렇지 않죠. 왜냐하면 그 학생의 머리 속엔 그냥 문제의 이미지만 있거든요. 그 문제가 묻는 핵심사항을 놓친다는 말입니다. 시험공부를 하면서 "교과서에서 많이 나온다"는 선생님 말에 '문제-답'을 외운답시고 눈으로만 공부하는 학생이 의외로 많습니다. 감나무 밑에 누워 입 안에 감이 떨어지기를 바라는 꼴이지요.

그리고 중요한 것 하나는 미리 '다른 문제!'라고 선언하지 말라는 것입니다. 익숙지 않은 시험문제가 나오거든 자신이 공부한 문제와 무엇이 같은지 찾아보기 바랍니다.

수학은 아주 단순하게 말하면, 문제들의 공통점을 찾아 그것에 같은 방법을 적용하는 과목입니다. 이런 문제에서는 이런 풀이방법을 쓰고, 저런 유형의 문제에서는 저런 공식을 활용합니다.

그러려면 일단 공통점을 찾는 게 중요합니다. 그래야 문제가 해결됩니다. 생각해보세요. 계속 '달라!'만 외치면 문제를 해결할 방법이 나올까요? 절대 나올 수 없죠! 그걸 깨우쳐야 합니다.

수학은 공통점의 학문입니다.

아, 온 국민이 수학을 잘하면 통일도 빨리 될 텐데….

결론을 다시 정리하자면, 시험을 잘 보려면 시간을 두고 교과서 문제와 익힘책 문제를 많이 풀어봐야 합니다. 최대한 많은 문제를 여러 번 풀어보기 바랍니다. 적어도 시험 2주 전부터 계획을 짜봅시다.

그다음으로 학생들에게 많이 이야기하는 것은 '판 그리기'입니다. '마인드맵'이라고 하죠.

판 그리기는 생각보다 어렵지 않습니다. 일단 빈 종이를 펴고 시험범위의 단원을 씁니다. 이때 소단원까지 써야 합니다. 그리고 하위 단위로 그 단원의 문제유형을 적어놓습니다. 문제유형을 세밀히 나눠 더 자세히 할 수도 있지만, 이 정도에서 멈춰도 괜찮습니다.

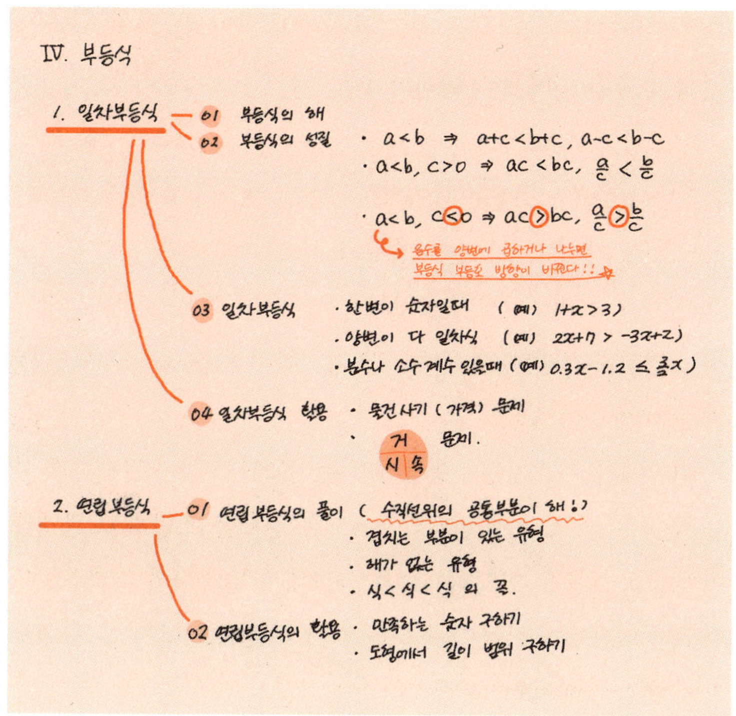

　　이렇게 하면 시험범위 전체가 한눈에 보입니다. 공부의 흐름을 파악하게 되고, 그에 따라 학습의 이유와 필요성을 알게 됩니다. 무엇이 중요한지, 왜 이것을 이런 식으로 배우는지, 그러므로 무엇무엇을 해야 할지 어렴풋이나마 느낄 수 있죠. 또 자기가 어느 부분이 약한지, 못하는지도 파악할 수 있습니다.

그것이 파악되면 시험 직전에 초치기 복습을 하기도 좋습니다. 마인드맵을 보면서 문제와 풀이법을 상기해보다 막히는 것은 얼른 책을 찾아보면 되니까요.

마인드맵을 어느 정도 본 다음에는 다시 책을 훑어보는 것이 좋습니다. 아마 그때는 책이 달라 보일 것입니다. 예제들이 어떤 의미를 가지고 두둥실 떠오르죠. 마치 매직아이 그림 같다고나 할까요? '아, 이게 숲을 보는 즐거움이구나!' 하는 생각이 들 것입니다. 하나하나 문제에만 집중하며 좁은 눈으로 보던 것과는 차원이 다르죠.

수학에서 가르치는 '생각하기'는 '몰입·계산·문제해결'만을 뜻하는 게 결코 아닙니다. 수학은 전체를 조망하고 관계를 이해하고 흐름을 파악하는, 좀 과장해서 말하자면 '깨달음'을 추구하는 과목이죠. 시험공부를 해야 하는데 이야기가 왜 심오하게 옆길로 빠지죠? 하하.

자, 그럼 이번에는 시험 전날 이야기를 해봅시다.

이주일 전부터 미리 준비를 해왔다면 시험 전날에는 별로 어려운 게 없겠죠. 일단 시험범위에 나오는 공식들을 기억해 한 번 써보고 연습해보는 게 기본입니다. 그리고 마인드맵을 보거나 책과 익힘책을 훑어보면서 힘들었던 문제를 다시 한 번 풀어보는 것도 기본입니다.

시간이 되면 각 유형의 대표문제들, 시험에 나올 것 같은 문제들을 숫자나 설정을 바꿔 '모의 시험지'를 만들어보는 것도 좋습니다. 문제를 찾아 정성껏 적어서 말입니다. 그런 다음 그것을 정해진 시간에 진짜 시험을 보듯 풀어보기 바랍니다.

문제를 내는 게 부담스럽다면 10문제 정도의 미니 모의 시험지도 좋습니다. 물론 숫자나 설정을 바꾸는 것은 위험한 일일지도 몰라요. 숫자를 살짝 바꾸면 아예 문제 자체가 오류가 되는 경우도 많거든요.

그런데 오류가 나지 않게 바꾸려고 노력하는 것, 또는 오류인 문제를 풀면서 오류사실을 발견하는 것도 큰 공부가 됩니다. 문제 속 수학개념의 본질을 이해하는 계기를 제공하니까요.

가만히 생각해보면 저도 문제를 풀 때보다 문제를 내면서 더 많이 알게 된 것 같습니다. 스스로 모의고사를 출제하고 풀어보면 두 가지 장점이 있습니다. 첫째는 시험범위에서 어떤 것이 중요한지 피부로 느끼게 된다는 것이고, 둘째는 어떤 문제에 내가 아직 약한지 알 수 있다는 것입니다.

거기에 부수적인 즐거움이 있는데, 바로 자기가 낸 모의고사 문제 중 몇 개가 실제 시험에 나올 때입니다. 단언컨대 그냥 생각 없이 몇 개 찍어서 외울 때와는 차원이 다른 적중률을 경험하게 될 것입니다. 마법 같은 일이 벌어지죠. 하늘을 나는 것 같은 벅찬 기쁨을 느끼리라 장담합니다.

이것에 중독되면 심지어 시험이 재미있어지고, 시험이 기다려집니다. 적중률을 높이기 위해 공부를 더 열심히 하게 되고, 마인드맵을 더 세밀하게 그리게 되며, 숫자와 설정을 바꾸는 등 더 공을 들여 모의 문제를 내게 되죠.

진짜냐고요? 여러분이 낸 모의고사 문제에서 3개가 실제 기말고사에 나왔다고 생각해보세요. 기뻐서 미칠걸요?

제 학창시절을 되돌아보면, 다들 신나게 떠들고 노는 것 같지만 사실 거의 모든 학생들의 머릿속에는 시험이 자리 잡고 있었습니다. 그것도 시험을 보기 한참 전부터요. 그런데 겉으로는 별로 신경을 안 쓰는 것처럼 행동하며 서로가 서로를 안심시켰죠.

걱정은 되지만 공부를 안 하는 학생들에게는 그것이 스스로를 안심시키는 일이기도 했습니다. 하지만 저 깊숙이 자리 잡고 있는 근원적인 불안까지는 해결이 안 됩니다.

큰일을 앞두고는 좀 솔직하고 차분해질 필요가 있습니다. 차분하게 미리 대비하고 준비하는 것만큼 편한 것은 없습니다. '진인사대천명盡人事待天命'이라는 말이 있습니다. '할 수 있는 일을 다 하고 하늘의 뜻을 기다린다'는 뜻입니다. 하늘의 뜻을 자신 있게 기다리려면 자신이 할 수 있는 일을 다해야 합니다. 그러지 않고 어떤 특별한 방법이나 요행을 바란다면 반칙입니다.

언젠가는 대가를 치르게 되죠.

세상에 공짜는 없습니다. 그것이 우주의 법칙입니다. 물리 시간에도 배웠잖아요, 에너지 보존의 법칙!

- ◆ 수업시간에 집중은 기본.
- ◆ 중하위권 학생은 교과서와 익힘책 위주로 공부하자.
- ◆ 수학시험공부는 일찍 시작하자.
- ◆ 마인드맵, 모의 시험지를 이용해보자.

16

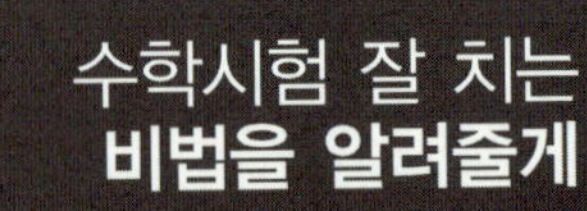

아! 찍은 게 다 틀렸어요….

옆자리 영수는 찍었는데 다 맞았다며 답을 맞히면서 점점 얼굴이 좋아지는데, 저는 어떻게 하나도 안 맞죠? 답 사이로 막 가요.

공부할 때는 영수와 별로 차이가 안 나는 것 같은데, 시험점수는 항상 10점 이상 차이가 나요. 그리고 이상한 게, 왜 전 항상 시험 볼 때 시간이 모자라죠?

선생님, 수학시험 잘 치는 법 어디 없나요? 있으면 저한테 살짝 좀 알려 주세요.

가끔 수학시험 감독을 하다보면 답답할 때가 참 많습니다. 자신의 실력을 최대한으로 발휘해야 하는 게 시험인데 그러지 못하는 학생들이 있거든요.

특히 중하위권 학생들의 경우 문제지를 보면서 어쩔 줄 모릅니다. 울상이 되어 계속 한숨을 쉽니다. 손톱을 물어뜯거나 다리를 떨다가 포기하고 엎드려 자는 학생도 많습니다.

시험이 끝나면 이런 외침이 터져나옵니다.

"아! 외운 문제가 하나도 안 나왔어!"

이것은 시험점수를 운에 맡기는 학생들의 외침입니다. 그 학생은 오늘의 운세가 별로 안 좋았나봅니다.

시험에서 자신의 실력을 최대로 이끌어내는 법, 하다못해 운에 맡기더라도 그 가능성을 높이는 법. 그런 방법은 없을까요?

여기에 제가 아는 몇 가지 비법을 소개할까 합니다. 사실 공부를 잘하는 학생들은 많은 관찰과 경험 끝에 이미 다 아는 내용입니다. 그러니 별로 특별할 것도 없어요. 여러분만 모르고 있었거나, 아니면 알면서도 안 하고 있었던 것이겠죠.

여기서 제가 말하는 것이 모든 학생들에게 맞는 방법이라고 할 수는 없습니다. 하지만 시험이 정말 중요하다고 생각한다면 최선의 결과를 얻기 위해 최고의 노력과 고민을 해야 합니다. 그것은 모두에게 해당되는 만고불변의 진리죠. 그럼 그 방법에 대해 하나하나 풀어놓아 볼까요?

먼저 중하위권 학생들을 위한 방법 중에 '공식 적어놓기'가 있습니다. 상위권 학생들이야 이미 공식을 다 외우고 있고, 적용해야 하는 문제가 나오면 자동으로 공식이 술술 나오지만 중하위권 학생들은 그렇지 않습니다. 공식이 가물가물하기도 하고, 갑자기 멍해져서 기억이 전혀 안 나기도 하고, 적어놓고도 이상하게 '이게 맞나? 여기가 a였나, b였나?' 하고 헷갈리기도 합니다.

이런 학생들은 완벽하게 못 외운 공식이나 개념들을 시험 시작 전에 외우고 시험이 시작돼 시험지를 나눠주면 재빨리 적어놓는 게 좋습니다. 그런 다음 거기에 해당하는 문제가 나오면 그 공식을 적용해보는 것이죠.

학교시험에는 어차피 기본적인 공식적용 문제가 나오게 되어 있습니다. 하위권 학생들에게 점수를 주려는 목적이 큽니다.

그런데 이런 문제도 찍는다면 그 학생은 정말 하위권을 벗어날 수 없죠.

제가 알려준 이 단순한 방법으로 점수를 올린 학생이 실제로 꽤 됩니다. 한두 개만 풀어도 점수가 많이 달라집니다. 수학은 배점이 다른 과목의 2배니까요.

다음으로 '서술형(주관식) 먼저 풀기'가 있습니다.

서술형에도 쉬운 문제가 있습니다. 없으면 어쩔 수 없지만 밑져야 본전입니다. 흔히 객관식부터 풀다가 시간이 없으면 서술형(주관식)은 포기하곤 합니다. 그런데 만약 서술형(주관식) 중에 풀 만한 게 있다거나, 다는 아니지만 부분점수를 받을 수 있는 게 있다면 너무 아깝습니다.

객관식은 찍으면 맞힐 수 있는 확률이 있지만, 서술형(주관식)은 찍을 수가 없잖아요. 물론 아무 답이나 써도 되지만, 5지선다 문항의 20%의 확률을 이길 수는 없죠. 그래서 서술형부터 먼저 푸는 게 좋습니다. 서술형 중에 풀 수 있는 것을 푸는 데까지 쓰고, 나머지는 깨끗이 포기하는 겁니다. 그런 다음 객관식을 풀기 시작하면 됩니다.

그다음 꼼수는 '아는 문제부터 먼저 풀라'는 것입니다.

서술형 우선 원칙과 같은 이치입니다. 어려운 문제를 계속 붙들고 있다가 나중에 쉬운 문제를 찍으면 아깝다는 것이죠. 서술형 중에 풀 수 있는 것, 아는 것 그리고 쉬운 문제를 다 풀었다면 이제야말로 진검승부를 펼칠 때입니다.

시험점수를 최대한 보장 받는 꼼수 중의 최고는 보기의 값을 거꾸로 대입해보는 방법입니다.

어이가 없다고요? 아닙니다. 이 방법을 모르는 학생이 없을 것 같은데, 제가 관찰한 바로는 전혀 그렇지 않았습니다. 문제를 풀다보면 거기에 몰입한 나머지 답이 뻔히 보이는데도 쓸데없이 열심히 푸는 학생들이 있습니다. 오히려 거꾸로 대입해보면 답이 금방 나오는데 말입니다.

예를 들어보겠습니다. 다음은 고등학교 1학년 방정식 문제입니다.

다음 연립방정식을 풀면?

$$\begin{cases} x+y=5 \\ y+z=8 \\ z+x=7 \end{cases}$$

① $x=1$, $y=3$, $z=4$

② $x=2$, $y=3$, $z=5$

③ $x=2$, $y=4$, $z=6$

④ $x=3$, $y=4$, $z=6$

⑤ $x=3$, $y=3$, $z=7$

이런 방정식 문제는 직접 풀기보다는 보기의 값을 대입해서 성립하는 것을 찾는 편이 더 빠를 수도 있습니다.

이런 문제도 마찬가지입니다.

두 점 (1, −2), (3, 2)를 지나는 직선의 방정식은 무엇인가?

① $y=x+2$

② $y=x-5$

③ $y=2x+7$

④ $y=2x-4$

⑤ $y=-4x-11$

기울기를 구하거나 절편을 구하기가 힘든 학생들은 보기의 식에 두 점의 좌표를 대입해보면 됩니다. 심지어 이 문제에서는 (1, −2) 한 점만 대입해봐도 만족하는 식이 보기 ④밖에 없다는 것을 알 수 있습니다.

물론 문제 푸는 법을 아는 것이 더 중요합니다. 하지만 보기의 값을 대입해 거꾸로 답을 유추해내는 것도 수학이라고 할 수 있습니다. 그것도 분명 '생각하기'니까요. 이른바 귀납적 문제 해결법이죠.

공부를 잘하는 학생들은 이것을 '검토방법'으로 사용하지만, 중하위권 학생에게는 아주 강력한 무기가 될 수 있습니다.

그다음 꼼수는, 풀이를 몰라 찍을 때도 제발 좀 '말도 안 되는 보기는 지우고 생각하라'는 것입니다. 왜 머리 싸매고 고민하다 가 정작 답을 찍을 때는 전혀 가능성 없는 엉뚱한 것을 찍을까요? 여기에 예를 들어보겠습니다.

점 (3, 5)를 지나고 기울기가 2인 직선의 방정식은 무엇인가?

① $y = x - 2$

② $y = x + 2$

③ $y = 2x + 7$

④ $y = 2x - 1$

⑤ $y = -2x + 11$

기울기가 무엇인지만 알고 있다면 ①, ②, ⑤는 명확히 답이 아닙니다. 그럼 답이 될 수 있는 보기는 2개밖에 안 남습니다. 정답 확률이 50%나 되는 것이죠.

다음 문제도 마찬가지입니다.

① 20°   ② 30°   ③ 50°

④ 70°   ⑤ 90°

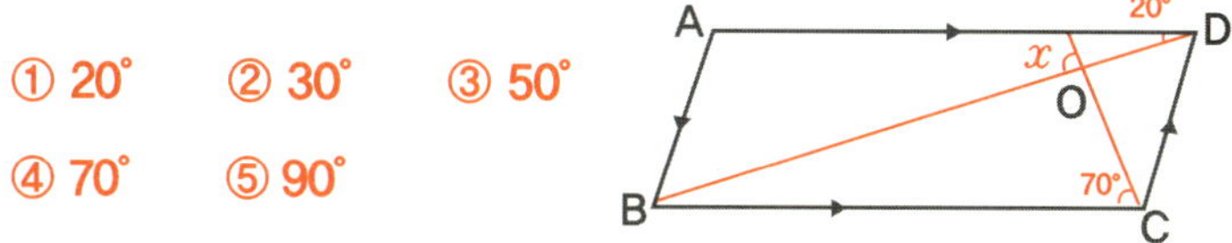

그림에서 보면 $\angle x$는 90°와 비슷하다는 것을 알 수 있습니다. 그러니 적어도 ①, ②, ③이 아니란 것은 확실합니다. 그리고 ④ 70°도 문제 자체의 그림 오른쪽 아래에 있는 70°와 확연히 다릅니다. 그렇다면 정답은 ⑤입니다. 조금만 생각하면 풀지 않고도 답을 맞히기 쉬운 문제입니다. 물론 꼼수이긴 하지만.

실제로 직접 해보는 방법도 엄청나게 강력한 방법입니다.
다음 문제를 이렇게 푼 학생이 있습니다.

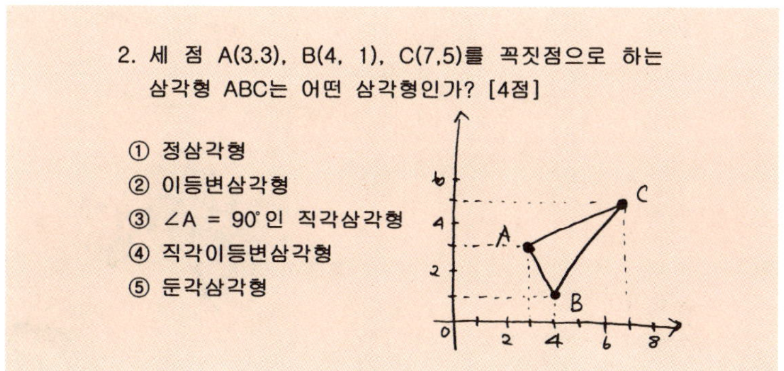

실제로 좌표평면을 그리고 세 점을 찍어 삼각형을 그렸습니다. 그리고 그게 어떤 삼각형인지 살펴본 것이죠. 그랬더니 답이 ③임을 알 수 있었습니다.

이 학생은 두 점 사이의 길이를 구하는 공식만 외우고 시험을 봤는데, 순간 까먹었답니다. 그래서 너무 억울한 나머지 이렇게 그려서 풀었다고 합니다. 멋있죠? 더 멋있는 학생도 있습니다. 한 문제를 풀기 위해 최선을 다한 친구의 문제지를 한번 볼까요?

어때요? 이렇게라도 풀면 됩니다.

다음 문제를 생각해봅시다.

이런 문제는 전체 조사참여자 수를 x로 놓고 식을 세워 풀 수도 있지만, 조사에 참여한 유권자수를 임시로 설정해 실제로 해볼 수도 있습니다. 조사에 참여한 유권자 수는 비율에 나온 숫자들과 그 숫자들의 합의 배수로 정하면 쉽습니다. 즉 이 문제에서는 3:2와 3:4가 나왔으니까 3과 2, 3과 2를 더한 5, 4, 3에 4를 더한 7의 배수를 생각하는 것입니다. 즉, 2, 3, 4, 5, 7의 공배수를 생각하는 것이죠.

아무거나 상관없습니다. 420명을 생각해봅시다. 420명을 2:1로 나눠 A후보와 B후보에게 줍니다. 그러니까 420을 3으로 나누면 140명씩이죠. 1묶음은 A후보에게 줘서 140명이고, B후보는 2묶음 280명을 갖게 됩니다.

다음 A후보의 140명을 5로 나누면 28명이죠. 이것의 3묶음이 A후보 남성 지지자입니다. 즉, 84명! 그리고 2묶음은 A후보의 여성 지지자, 56명!

B후보도 마찬가지로 280명을 7로 나눈 값 40명씩을 비율에 맞게 배분합니다. 그러면 B후보 남성 지지자는 120명, 여성 지지자는 160명.

그렇다면 조사에 참여한 남성은 204명, 여성은 216명이죠. 204:216은 약분하면 17:18입니다. 답은 17+18인 35.

실제로 이렇게 풀어서 답을 맞힌 학생수가 제대로 식을 세워 답을 맞힌 학생수보다 더 많았습니다.

인터넷을 검색해보면 수능을 볼 때도 이런 방법을 쓰는 사람들이 많습니다. 심지어 시험지의 전개도를 오려내 직접 입체도형을 만들어서 문제를 푼 학생도 있습니다. 푸는 방법을 모르면 이런 방법이라도 써야죠.

시간이 많이 걸릴 거라고 생각하지만, 생각 외로 얼마 걸리지 않습니다. 손으로 머리카락을 쥐어뜯고 있는 시간보다는 짧을 거예요.

이번에는 누군가가 알려준 놀라운 방법도 소개해줄까요? 이건 좀 우스갯소리 같아서 선생님으로서 과연 알려주어야 할까 고민도 됩니다. 하지만 뭐 이것도 문제를 푸는 방법 중 하나라고 봅니다. 이과적 방법이라기보다는 공과적인 방법이죠.

기술적인 방법, 즉 '직접 재보는' 방법입니다! 수능이나 학력평가 같은 국가시험에서 도형 문제는 그림의 각도나 길이의 비가 실제로 문제에 주어진 값과 같게 나오거든요. 그림의 모양과 너무 다른 값이 나오면 민원의 소지가 될 수도 있기 때문입니다. 계산해서 정답을 구했는데 그림이 이상해서 아닌 것 같아 다시 풀어서 틀렸다든가 하는 항의가 나올 수도 있으니까요.

그런데 시험 볼 때는 각도기나 눈금자를 쓸 수가 없잖아요? 그래도 방법은 있습니다. 일단 각도의 경우는, 시험지 귀퉁이를 찢어서 활용하는 방법이 있습니다.

귀퉁이 각의 크기는 90°니까, 그걸 반으로 접어서 접힌 선을 만들어봅니다. 그것이 45°거든요. 여기서 한 번 더 접으면 22.5°.

직각을 적당히 삼등분해서 접으면 30°니까 그것으로 문제에서 묻고 있는 각을 실제로 재보는 것입니다. 그렇게 측정해서 나온 답과 가장 가까운 답을 보기에서 고르면 되죠.

그럼 길이는 어떻게 할까요? 샤프를 이용하는 학생도 있습니다. 샤프를 수평으로 들고 딸깍딸깍 꼭지를 눌러서 나오는 심의 길이를 보는 것입니다. 문제에 3cm라고 돼 있는 변의 길이가 딸깍딸깍 5번 만에 되었다고 합시다. 그런데 묻고 있는 변의 길이 x는 딸깍딸깍 7번 만에 되는 거예요. 그럼 5번:3cm=7번

: $x$cm니까 x는 $\dfrac{3 \times 7}{5} = \dfrac{21}{5} = 4.2$cm가 되어야 합니다.

물론 딱 들어맞는 것은 아닙니다. 측정과정에서 오차가 있을 테니까요. 하지만 보기 중에 4.2cm와 가장 가까운 것을 고르면 그것이 정답일 확률이 높지 않겠습니까? 정말 기발하지 않나요?

꼼수라고요? 뭐, 그렇게 생각할 수도 있지만, 저는 참 노력이 가상하다고 봅니다. 그리고 기본적으로 각의 크기와 길이의 비에 대해 일반적인 내용은 알고 있어야 가능한 일이죠. 그러니 아주 수학이 아니라고 볼 수도 없을 것 같습니다.

어느 날, 학력평가를 보고 한 여학생이 뛰어왔습니다. 수학을 썩 잘하지는 않는 학생이었습니다. 수학시험 시간만 되면 그 누구보다 먼저 풀고 편히 쉬는(?) 학생이었죠.

그런데 그 학생이 이번 시험에서 무려 4점짜리 최고난도 문제를 자기 힘으로 풀었다는 겁니다. 그 학생이 푼 문제는 이런 문제였습니다.

가로와 세로의 길이가 각각 8, a인 직사각형 모양의 종이를 그림과 같이 대각선을 따라 접었다. 겹쳐진 부분의 넓이가 10일 때, 원래 직사각형의 넓이를 구하라. (단, $0 < a < 8$)

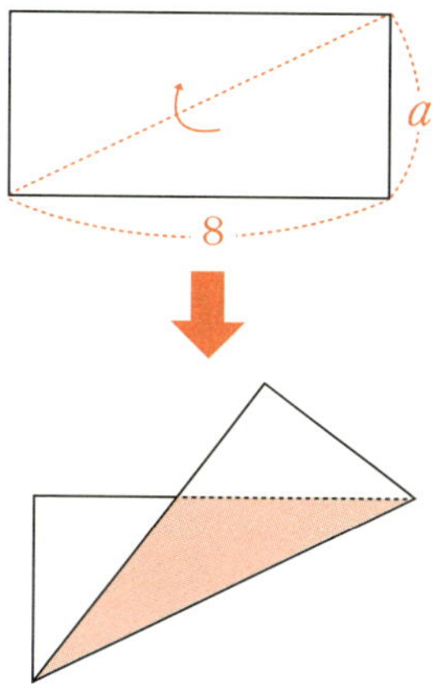

① 2　②3　③ $\frac{15}{4}$　④ 4　⑤ 5

　그 여학생은 연필을 대고 높이 a를 쟀답니다. 연필 옆면에 볼펜으로 표시를 해두었죠. 그것을 밑변에 댔더니 정확하게 두 번 만에 딱 밑변의 길이(8)가 나오더랍니다. 그래서 그 여학생은 '아, a가 4구나!' 하고 생각했고, 직사각형의 넓이가 32라는 사실을 알았답니다.

　저는 그 여학생을 꾸짖지 않았습니다.

　"야! 너, 정말 잘했다! 찾아보면 그런 문제가 더 있을 거야. 더 찾아봐!"

　좋아서 팔짝팔짝 뛰던 그 여학생은 그 후로 수학공부를 시작해 지금도 열심히 하고 있습니다. 다음 시험도 잘 찍기 위해서.

아이러니하죠? 그런데 사실은 이 방법이 알려지면서 수능에서는 이런 식으로 해결할 수 있는 문제를 거의 내지 않는답니다. 믿거나 말거나.

그 밖에도 시험종료 5분을 남겨놓고 일단 답안지 마킹부터 하는 것은 알고 있죠? 2문제 정도만 남겨놓고 마킹을 해놓아야 합니다. 종이 칠 때까지 풀다가 종이 치면 그땐 어쩔 수 없이 찍으면 되죠. 마킹을 안 해놓으면 조급한 마음에 문제를 풀면서도 집중이 안 될 수 있습니다.

여기서 제 경험담을 하나 이야기하겠습니다.

고3 때 어느 모의고사에서 수리영역 객관식 11개를 찍었는데 8개를 맞힌 일이 있어요. 와, 세상에!

저도 놀랐죠. 앞에서 말한 방법을 다 쓴 것인데, 그래도 그렇지 확률이 정말 높죠?

사실 아직 이야기하지 않은 저만의 비결이 또 하나 있습니다. 그게 뭐냐 하면… 문제를 노려보는 방법입니다.

문제의 보기를 막 노려보면 정답의 보기가 진해지든지, 아니면 시험지에서 정답만 살짝 떠오릅니다. 그게 진짜냐고요? 한번 해보세요. 안 된다고요? 뭐, 그게 사실이든 아니든, 사실은 그 이야기를 하려는 게 아닙니다.

제가 정말 말하고 싶은 결론은 '간절한 마음'입니다. 시험을 잘 보겠다는 정말 간절한 마음이 있으면 가끔 기적이 일어나기도 합니다. 그런데 그냥 '오늘의 운세'에 점수를 맡기면 수학은 도와주지 않습니다. 그것이 바로 '찍어도 답을 피해가는 이유' 입니다.

"하늘은 스스로 돕는 자를 돕는다."는 격언을 잊지 마세요. 정답을 찾기 위해 최선을 다하십시오. 그다음에 찍으십시오. 그러면 아마 정말 놀라운 일이 벌어질 것입니다.

Good Luck to You!

이렇게 해보자

- ◆ 시험지를 받자마자 외운 공식 적어놓고 시험 보자.
- ◆ 주관식 서술형부터 먼저 풀자.
- ◆ 아는 문제부터 먼저 풀자.
- ◆ 안 풀리는 문제는 보기 값을 거꾸로 대입해보자.
- ◆ 보기 중 절대 답이 될 수 없는 것은 지우고 생각하자.
- ◆ 운도 노력으로 만들 수 있다. 정답을 맞히기 위해 할 수 있는 만큼 최선을 다할 것!

17

수학공부 방법에 대한 어느 책을 보니까 서울대 간 선배 언니가 오답노트를 작성해서 공부했대요. 시험 볼 때 틀린 문제를 오려서 붙이고 풀이를 써놓는 노트 말이에요.

그래서 저도 그렇게 하려고 했는데… 아! 오답노트 만드는 게 너무 힘들어요. 왜인지 아시죠? 제가 틀린 문제가 너무 많거든요.

정말 오답노트가 도움이 되나요? 그럼 힘들어도 한번 해 보려고요.

서점에는 공부법에 대한 책들이 많이 나와 있습니다. 교사가 쓴 책도 있고, 좋은 대학에 들어간 선배들의 경험담도 있죠. 성적이 아주 낮았는데 자기만의 노하우로 짧은 시간 안에 큰 성과를 낸 선배들의 수기는 중하위권 학생들에게 도움이 되기도 합니다.

하지만 대부분의 학습방법론 책은 최상위권 학생들에게 맞춰져 있습니다. 신문에서 소개하는 '수능 직전 각 영역 정리방법'을 본 적이 있는데, 그것도 중하위권 학생들에게 맞는 공부방법이 아니라 공부를 어느 정도 하는 학생들에게 맞는 내용이었습니다. 책을 만들거나 기사를 쓰는 사람들은 그런 책이나 기사를 볼 정도면 공부를 잘하는 학생들이라고 생각하나봅니다. 아니면 본인들이 공부를 잘해서 그런가? 쳇!

하지만 학습방법에 대한 조언이 정말 필요한 사람은 정작 중하위권 학생들일지도 모릅니다. 절박하죠. 그래서 몇몇 학생들은 책이나 언론매체에 소개된 공부 잘하는 학생들의 방법을 그대로 따라 하려고 합니다. 그런데 그것이 간혹 시간의 손실을 가져오는 것은 물론 자신감에도 좋지 않은 영향을 미칩니다.

중하위권에게 맞지 않는 몇 가지 수학 학습방법론 중 대표적인 것이 바로 '오답노트'입니다. 오답노트는 소수의 상위권 학생들에게만 좋은 공부법이니까요.

얼마 전 오답노트를 시작한 한 여학생을 보았습니다. 한숨을 쉬며 시험지를 오려 붙이더군요. 문제 옆에는 답과 풀이도 오려 붙였습니다. 모의고사 문제의 반에 해당하는 문제들이었죠.

아예 못 푼 문제에는 빨간색 스티커를 붙이고, 실수로 틀린 문제에는 노란색 스티커를 붙입니다. 그런데 거의 빨간색이었습니다.

학생은 오답노트를 힘들여 만들어놓고는 책상 속에 집어넣습니다. 그리고 가끔 꺼내 보기는 하는데 흥미를 잃습니다. 결국 자기가 보지 않을 문제집을 스스로 만든 꼴입니다.

오답노트는 수학문제가 유형화되어 있다는 것을 간파하고 그 유형 중 거의 대부분의 풀이방법을 이미 아는데 몇 개의 유형을 모르거나, 새로운 유형의 어려운 문제를 만났을 때 풀기 힘든 문제를 정리해두는 노트입니다. 바로 상위권 학생들이 공부하는 방법이죠.

중하위권 학생들은 차라리 문제집을 중심으로 표시해가며 여러 번 보는 편이 낫습니다. 냉정하게 말하면, 문제집 자체가 오답노트니까요. 게다가 모의고사 문제는 고난도 문제가 너무 많습니다. 다시 한 번 이야기하는데, 전국 1%를 위해 낸 문제에 여러분의 소중한 시간을 낭비하는 것은 결코 현명한 행동이 아닙니다.

앞서 설명한 대로, 문제집을 사서 일단 자기 수준에 맞는 문제까지 한 권을 독파합니다. 기본개념과 유제풀이만 해서 한 권을 독파했다고 합시다. 유제풀이를 해서 70% 이상 맞지 않으면 단원종합문제 등 고난도 문제는 풀지 말고 다시 유제 중 틀린 문제를 풉니다.

만약 문제집에 풀이를 썼다면 똑같은 문제집을 한 권 더 사도 됩니다. 그런 다음 풀었던 문제를 표시해서 제외하고 다시 풀어봅니다. 돈이 좀 들지만 산뜻한 기분으로 기분 좋게 공부할 수 있으니 별로 아까울 것 없습니다. 그게 오려 붙이는 수고를 하는 것보다 훨씬 낫습니다.

하나 더 예를 들어보겠습니다. 모 매체에서 수능 대비 수리영역 마무리 전략을 이야기하면서, 취약단원을 집중적으로 정리하라고 권했습니다. 그런데 솔직히 중하위권 학생들은 취약단원이랄 게 따로 없습니다. 안타까운 일이지만, 모두가 취약단원이니까요.

최하위권 학생들에게는 차라리 역대 모의고사 문제에서 앞 1번부터 5번까지의 문제만 모아 풀어보고 수능시험장에 갈 것을 권합니다. 지수나 제곱근 문제 등 쉬운 영역의 문제 중에서 1~2개라도 맞히는 게 시급하니까요. 만약 시간이 남는다면 그 다음 번호의 문제들을 풀어보되, 그나마 많이 공부했던 쉬운 단원부터 실전연습을 해야 합니다.

중위권 학생들은 교과서를 훑으면서 개념을 익히고 각 단원

의 쉬운 보기문제 등을 풀어보는 것이 유리합니다. 어느 단원에서 나올지 모르지만 시험에는 기본적인 문제가 나올 수밖에 없기 때문입니다.

사실 제가 권하는 방법도 효과 면에서는 개인별로 차이가 날 수 있습니다.

현실적으로 냉정하게 판단하십시오. 언론이나 선배들이 말하는 헛소리들은 웃으며 흘려버리세요. 과격하게 이야기했지만, 남이 하는 것을 그대로 따라 하지 말라는 말입니다. 그들은 그들의 단계에서 자신에게 가장 알맞은 공부법을 스스로 찾은 것뿐입니다. 참고가 될 수는 있겠지만, 그것이 바이블은 아닙니다.

‘공부에는 왕도가 없다’는 말이 있습니다. 공부를 할 때 가장 좋은 요령은 공부 그 자체입니다. 지름길 찾기보다는 시작이, 방법보다는 시간이 더 중요합니다.

빨리 시작하고 오래 공부하는 것.

그것을 이길 방법은 세상에 없습니다.

자, 시작합시다!

이렇게 해보자

◆ 언론이나 선배들이 이야기하는 수학공부 방법에 너무 집착하지 말자.

◆ 자신의 상황을 냉정하게 분석하고 자신의 공부법을 찾자.

III

상위권 도약을 위한 도움닫기

더 높은 곳을 향하여!

18

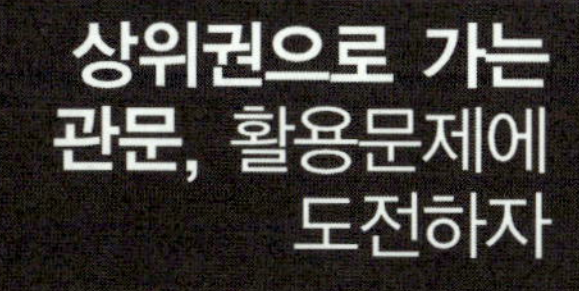

저는 문장제 문제, 활용문제에 아주 약합니다. 그런 문제를 보면 일단 문제의 길이에 질려버려요. 꾹 참고 또박또박 읽어봐도 도대체 무슨 말인지 알 수가 없습니다.

모든 대단원 마지막에 보통 활용문제 소단원이 나오잖아요. 이 부분만 오면 포기해버립니다. 나름 열심히 공부해서 계산문제는 그래도 풀 만한데, 아무래도 활용문제는 안 될 것 같아요.

선생님이 자주 하시는 말씀대로, 이런 건 1등급 애들한테 양보할래요.

유명한 대학의 한 수학교수님이 자신의 논문실험을 위해 어느 초등학교 5학년 교실에 갔습니다. 그리고 수학문제지를 나누어주었죠. 문제 중에 이런 게 있었답니다.

항구의 어느 큰 배 안에 소가 75마리, 돼지가 25마리 있다.

그 배 선장의 나이는 몇 살인가?

교수님이 교실을 돌아다니며 보니 모든 학생들이 '100살'이라고 썼답니다. 그러자 교수님이 아주 황당한 표정으로 물었답니다.

"선장 나이가 100살이면 너무 많지 않아?"

그랬더니 학생들이 자기가 쓴 답을 지우개로 박박 지우고 이렇게 쓰더랍니다.

"50살."

여러분은 이 문제의 정답이 무엇이라고 생각하나요? 이 문제의 정답은 당연히 '알 수 없다'입니다.

우리나라 학생들은 숫자만 보면 더하려고 합니다. 더하는 게 아니라고 하면 빼죠. 문제의 뜻을 보지 않고 무조건 숫자와 그 연산만 먼저 생각하는 것입니다. 이것은 우리나라 수학교육의 약점 중 하나입니다. 수학을 너무 수학이라는 학문 안에서만 다루다보니 생기는 현상이죠.

한 가지 예를 더 들어 볼까요?

초등학교 5학년 학생들에게 선생님이 이런 숙제를 냈습니다.

$\frac{1}{2} + \frac{1}{3} = \frac{5}{6}$인 것을 오늘 배웠죠? 이것을 실생활에서 활용하는 문장제 문제로 만들어 공책에 적어오세요.

다음 날 학생들의 노트를 걷어 검사한 선생님은 놀라서 뒤로 넘어갈 뻔했답니다. 이런 문제들 때문에요.

형석이는 오늘 감자 $\frac{1}{2}$을 캤다. 명철이는 오늘 감자 $\frac{1}{3}$을 캤다. 둘이 캔 감자는 몇 개인가?

하지만 이 문제는 다음 학생의 문제에 비하면 별거 아닙니다.

동물원에 원숭이 $\frac{1}{2}$마리가 있었다. 그런데 오늘 $\frac{1}{3}$마리가 새로 들어왔다. 그럼 동물원의 원숭이는 총 몇 마리가 되었는가?

원숭이를 반으로 잘라서 들여오는 동물원을 상상해보니 그 자체로 참 끔찍하기 짝이 없습니다.

이렇게 우리 학생들 중에는 실생활과 수학을 연결하지 못하는 학생들이 의외로 많습니다. 그 학생들에게 수학이란 단지 어떤 요상한 세상에서 숫자와 식으로 하는 복잡한 계산일 뿐이죠. 그러니 어렵고 이해가 안 가고 힘이 들 수밖에요.

이런 폐해를 막기 위해 이른바 응용문제, 활용문제가 강조되고 있습니다. 요즘 교과서를 보면 옛날 교과서와는 달리 단원이 시작할 때나 끝날 때 실생활에서 볼 수 있는 수학개념이 아주 재미있게 다루어져 있습니다.

수능에도 통찰과 아이디어가 필요한 실생활 관련 문제들이 많이 나옵니다. 학교 정규고사에도 서술형 문제는 거의 문장제로 출제되고 있죠. 나아가 문장제 문제의 연장선상에 있는 수리논술까지 강화되는 추세입니다.

활용문제, 응용문제는 이제 피할 수 없는 시대의 큰 흐름이자 요구입니다. 하지만 그런 문장제 문제를 어려워하는 학생들이 많습니다. 일단 많은 글자에 질립니다. 그냥 국어문장이라면 편하게 읽을 텐데, 정보를 해석해야 하는 '암호'이니 괴로운 것입니다.

　물론 문장제 문제 속의 숫자가 제일 중요합니다. 하지만 숫자에 너무 집착하지 마십시오. 응용문제, 활용문제, 문장제 문제는 외국어 문제로 보는 게 맞습니다. 영어 본문을 해석하듯이 문장제 문제도 해석이 필요합니다. 그럼 문장제 문제를 정복하기 위한 방법을 알아볼까요?

　주어와 목적어와 술어를 찾고 표시해야 합니다. 특히 주어와 목적어에 해당하는 '명사'들이 중요합니다. 비슷하지만 다른 명사들을 구분해야 합니다. 문제의 주요소가 되는 명사들이 무엇인지 알아야 합니다. 열쇠가 되는 명사들을 파악해야 합니다.

다음 중학교 1학년 문제를 봅시다.

이 문제에서 중요한 명사들을 열거해봅시다.

(용수철의) 길이/용수철이 늘어나는 길이/용수철의 총길이
/추의 무게/정비례/관계식

이런 단어들에 밑줄을 쳐 보세요.

길이가 20cm인 용수철이 있다. 이 용수철에 추를 매달았을 때, 용수철이 늘어나는 길이는 추의 무게에 정비례한다고 한다. 10g인 추를 달았더니 2cm 늘어났다. xg의 추를 매달았을 때 늘어나는 용수철의 길이를 $y$cm라고 할 때, x와 y 사이의 관계식을 구하고, 용수철의 총길이가 28cm가 되게 하려면 몇 g의 추를 매달

일단 '용수철의 길이', '용수철이 늘어나는 길이', '용수철의 총길이' 이 셋은 비슷하지만 의미가 다릅니다.

즉 용수철의 '길이'가 20cm라는 것은 용수철의 처음 길이를 말합니다. '용수철이 늘어나는 길이'라는 것은 용수철이 늘어난 상태에서 처음 길이를 뺀, 추를 달아 처음보다 늘어난 만큼의 길이를 말합니다. '용수철의 총길이'는 용수철의 처음 길이와 늘어나는 길이를 합친, 늘어난 상태의 전체 길이를 말합니다.

'추의 무게'는 위의 길이 중 '용수철이 늘어나는 길이'와 '정비례'합니다. 이 문제에서는 '정비례'가 '키Key 단어'입니다. 문제를 풀 실마리라는 뜻입니다.

문제를 보니 '추의 무게'가 x고, '용수철이 늘어나는 길이'가 y랍니다. 이 두 문자 사이의 '관계식'을 구하랍니다. 마침내 우리가 구해야 할 명사가 나타났습니다. 관계식!

'정비례'라는 키 단어가 있으니, 일단 $y = ax$입니다. 이것이 관계식입니다. 그런데 아직 불완전합니다. a를 모릅니다.

이렇게 명사들에 대한 분석이 끝나면, 비로소 어떤 숫자 정보가 있는지 확인합니다.

'추의 무게 x'가 10g일 때, '용수철이 늘어나는 길이 y'가 2cm랍니다. 그러니 $2 = a \times 10$, 여기서 a가 $\frac{1}{5}$이라는 것을 알 수 있습니다. 즉 우리가 구하는 관계식은 $y = \frac{1}{5}x$입니다.

그다음 우리가 구해야 하는 것을 읽어봅시다.

용수철의 총길이가 28cm가 되게 하려면 몇 g의 추를 매달아야 하는지 구하여라.

'용수철의 총길이 28cm' = '(용수철의 처음) 길이 20cm' + '용수철이 늘어나는 길이 y'입니다. 그러므로 '용수철이 늘어나는 길이 $y = 8$'일 수밖에 없습니다. 그렇다면 관계식 $y = \frac{1}{5}x$에 의해 $x = 40$, 즉 추의 무게는 40g입니다.

다시 한 번 이 풀이를 찬찬히 읽어보면 알겠지만, 일단은 먼저 명사들을 파악하고 그것들을 구분 짓는 것이 중요합니다. 그다음 키 단어와 주어진 숫자정보를 이용해 식을 세우는 것이죠. 문장제 문제는 어쩔 수 없이 시간을 넉넉히 잡고 집요하게 생각해야 합니다. 문장에 밑줄을 치며 분석하고 끈질기게 해석하는 것이 중요합니다.

다시 한 번 말하지만, 마치 영어를 해석한다고 생각하면 됩니다. 영어문제를 풀 때 본문이 길다고 해석을 포기하지 않듯이 수학의 문장제 문제도 포기하지 말고 끝까지 도전해보기 바랍니다.

　문장제 문제에 익숙해지려면 역시 많이 풀어봐야 합니다. 문장제 문제를 많이 풀면 문장제 문제에도 유형이 있다는 것을 알 수 있습니다. 소금물 문제, 거리·속도·시간 문제, 시곗바늘 문제, 용수철 문제, 물통 채우기 문제, 원리합계 문제, 일의 양 문제….

　그리고 그런 문제들을 전혀 다른 설정으로 바꿔놓기도 합니다. 예를 들어 소금물 농도 문제는 전체에서 차지하는 비중을 뜻합니다. ‘5% 농도의 소금물’이란 것을 ‘전체 학생 중 5% 학생’이라는 설정으로 바꿀 수도 있다는 것이죠.

　문장제 문제의 유형을 알았다면 스스로 설정을 바꿔보는 것도 의미 있는 공부법입니다. 머리를 써 적당한 설정을 찾아보는 과정에서 이 문제가 어떤 구조로 돼 있는지 파악할 수 있습니다. 이는 문장제 문제의 유형을 파악하는 데 매우 탁월한 효과가 있는 공부법입니다. 기존의 문제를 바탕으로 전혀 다른 문제를 만들어보기 바랍니다.

　앞의 용수철 문제부터 이렇게 바꾸어볼까요?

현재 병 안에 20만 마리의 미생물이 있다. 시간이 지나면 미생물수가 늘어나는데, 늘어나는 미생물수는 시간에 정비례한다고 한다. 10분 동안 늘어난 미생물수는 2만 마리였다. x분 동안 늘어나는 미생물수를 y마리라고 할 때, x와 y 사이의 관계식을 구하고, 미생물이 28만 마리가 될 때는 몇 분 후인지 구하여라.

처음 문제와 한번 비교해보기 바랍니다. 문장제 문제 하나를 풀 때의 생각하기는 단순한 계산문제를 풀 때의 생각하기와 양도 질도 다릅니다. 문장제 문제는 중하위권의 마지막 단계입니다. 문장제 문제는 상위권으로 도약하기 위해 꼭 통과해야 할 관문입니다.

여러분의 현재 상황에 만족하지 않기를 바랍니다. 처음 수학 공부를 하기로 결심했을 때처럼 결심하면 됩니다. 그때와 비교하면 10%의 결심만으로도 가능합니다. 왜냐하면 여러분은 이미 달리고 있으니까요.

이렇게
해보자

- 문장제 문제라고 포기하지 말자. 도전!
- 영어를 해석하는 것처럼 해석하는 마음으로 보자.
- 명사들의 의미부터 먼저 살펴보자.
  그다음 키 단어를 찾고, 식을 세우자.
- 문장제 문제에도 유형이 있다. 많이 풀어서 익숙해지자.
- 설정을 바꿔 문제를 내보자. 그 과정에서 무엇이 중요한지
  알 수 있다.

19

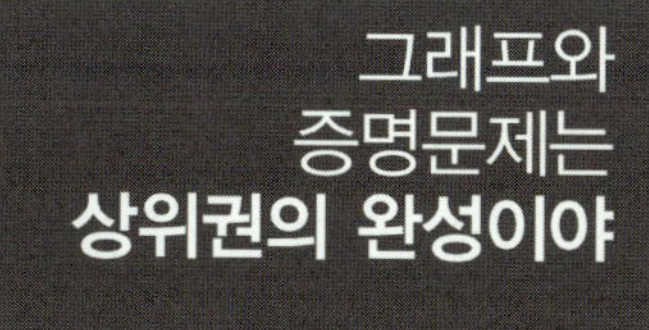

다 안다고요. 다 아는데 그래프를 왜 자꾸 그리라고 하시는지….

증명문제도 그래요. 시험에 별로 안 나오잖아요. 내신엔 거의 내지도 않으시면서.

수능에 나온다고는 하는데 그건 그냥 찍을래요. 솔직히 증명문제 나와봐야 한두 문제 아닌가요?

게다가 중간에 들어갈 식이나 숫자 찾기 같은 것으로 객관식이잖아요. 주관식으로 나올 수가 없죠.

자꾸 그래프와 증명이 중요하다고 하시는데, 전 왜 그게 중요한지 모르겠어요.

시험이 다가와 출제방향에 대해 언급하면 학생들이 꼭 질문하는 것이 있습니다.

"그래프 그리는 거 나와요?"

"증명문제 나와요?"

저는 1년에 한두 번은 그래프 그리기 문제와 증명문제를 서술형으로 냅니다. 가끔 수행평가로도 내죠. 그러면 항의성 발언이 쏟아집니다. 그런 걸 왜 하냐는 것이죠. 절대 시험에 내지 말랍니다. 특히 학원에 다니는, 조금 공부를 해보려고 하는 학생일수록 더 그렇습니다.

학원에서는 그런 문제는 거의 안 풀고 계산문제만 주로 다루기 때문입니다. 요렇게 조렇게 계산해 이리저리 바꾸고 여기다 저기다 대입해서 딱 답이 나오는 복잡한 문제들 말이죠. 학생들은 그런 문제에 열광하고, 그런 문제를 푸는 학생이나 선생님은

'오우~' 하는 찬사를 받습니다.

반면 그래프 그리기나 증명문제는 설명을 잘해줘도 뾰로통합니다. 물론 귀찮은 일이고, 당장은 효율이 떨어지는 학습일 수 있습니다. 하지만 증명은 수학의 본질이고, 그래프는 각 부문 수학의 집합체입니다. 무엇과도 바꿀 수 없는 가치를 지니고 있습니다.

어느 정도 기본과 기초를 다지고 수학공부에서 한 단계 위로 올라가려면 그래프를 뽑아내고 증명을 이해할 줄 알아야 합니다. 다시 말해 그래프와 증명은 상위권으로 가는 통로인 것입니다.

먼저 그래프부터 생각해봅시다. 그래프는 어떤 방정식을 만족하는 점들을 좌표평면에 찍어놓은 것을 말합니다. 또한 함수, 쉽게 말하면 x와 y의 관계를 좌표평면 상에 그려놓은 것이기도 합니다.

또한 그래프는 도형을 해석하는 좋은 도구가 되기도 합니다. 다시 말해 그래프는 수학의 주요 구성요소, 즉 수학에서 다루는 재료 중에서 '식', '함수', '도형'까지를 아우릅니다. 그래프를 이용해 방정식과 부등식을 해결하기도 하고, 연립방정식을 풀 수도 있고, 어떤 구간에서 함숫값의 최대 최소를 계산하기도 하며, 도형의 위치관계를 해석하기도 합니다. 또 식, 함수, 도형을 자유자재로 넘나들며 각 영역 간의 관계를 맺는 데 중요한 연결 고리를 제공합니다. 여기에 확률과 통계에서의 그래프를 생각하면 실로 그래프는 수학의 모든 영역에서 표현과 결과로 활용되는 중요한 기술입니다.

처음에는 그래프를 손으로 정확히 그리는 것이 좋습니다.

그 그래프의 성질을 눈으로 보고 몸으로 느껴야 하니 좀 귀찮아도 그려야 합니다. 누누이 이야기했지만 수학은 손공부입니다.

그러다 어느 정도 익숙해지면 그래프를 머릿속에 그리는 것이 중요합니다. 머릿속에 그릴 때는 그래프의 중요한 요점만 확실히 떠올리게 됩니다. 그러고는 그 머릿속 그래프를 개요만 손으로 그려 종이에 옮기죠.

그래프에서 중요한 것은 바로 이 중요한 요점을 찾아내는 것입니다. 예를 들어 일차함수 $y=2x+1$의 그래프를 생각해봅시다. 처음에는 다음과 같은 표를 만들어 좌표평면에 일일이 점을 찍어 그리겠죠.

x	-3	-2	-1	0	1	2	3
y	-5	-3	-1	1	3	5	7

이런 그래프 그리기를 통해 우리는 다음 사실을 알아냅니다.

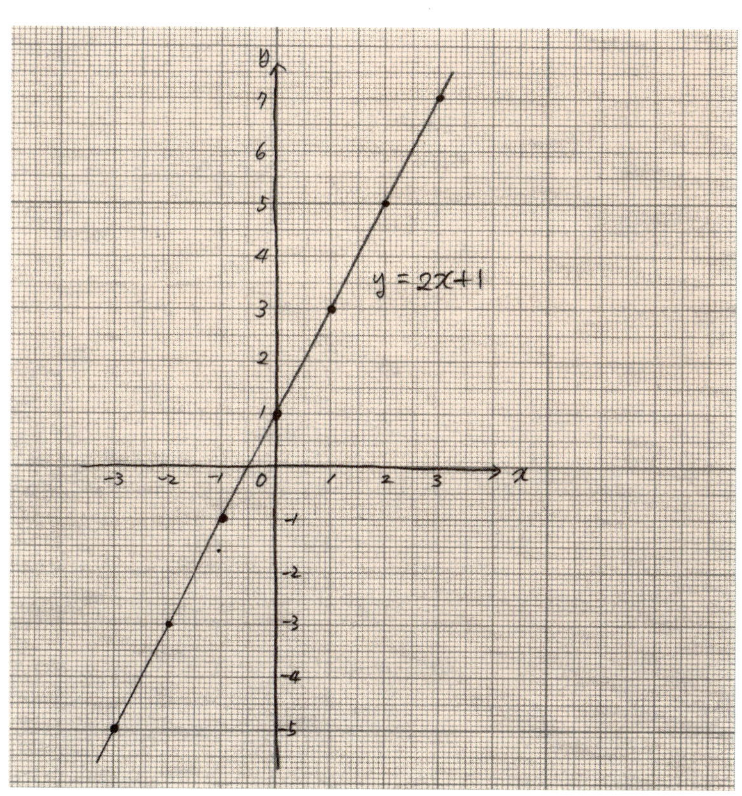

01 일차함수의 그래프는 직선이다.

02 $y=ax+b$에서 a의 부호가 양수냐 음수냐에 따라 오른쪽이
높은 증가함수인가, 왼쪽이 높은 감소함수인가가 결정된다.
그리고 a값에 따라 직선의 기운 정도가 바뀐다.

03 $y=ax+b$에서 b는 그래프가 y축과 만나는 점의 y좌표가 된다.

그럼 이제 일차함수 그래프의 중요 요소만을 찾아 개요를 그릴 수 있습니다.

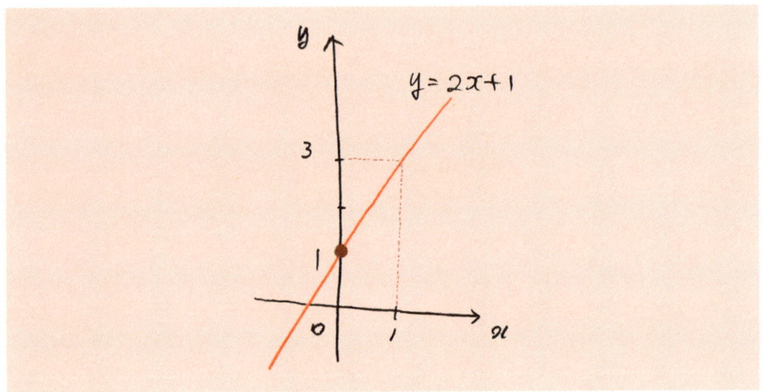

이것을 그냥 설명하면 되지, 왜 처음에는 자세히 그려보라고 하는지 궁금하다고요? 그냥 주어진 그래프만 해석할 줄 알면 되지 않느냐고요?

물론 그것이 당장은 효율적일 수 있습니다. 하지만 그래프를 몸으로 느껴보지 않으면 제대로 해석하지 못해서 헤매는 학생들이 더 많습니다.

다 안다며, 다 아는 것을 왜 그리라고 하냐며 짜증을 내는 학생들에게 억지로 그리게 하면, 그 학생들이 그린 그래프는 가관입니다. 중요한 것은 다 빼먹고 엉터리로 그리는 경우가 정말 많습니다.

이렇게 그래프의 맥을 잡지 못하니 문제를 설명할 때는 알 아들어도 혼자 풀 때는 자꾸 틀리는 것입니다. 그래프를 정확히 그리지 않고 요점만 배우고 넘어가겠다는 것은, 마치 고무찰흙을 만져보지도 않고 고무찰흙의 촉감만 말로 배우는 것과 같습니다.

좌표평면을 이해하고 그 안에서 이루어지는 변화무쌍한 그래프의 세계를 경험해보지 않으면 그래프를 배웠다고 말할 수 없습니다. 일례로 이번엔 고등학교 과정의 삼각함수 중 사인함수의 그래프를 생각해봅시다. 처음에는 각각에 대한 함숫값을 구해서 그려야겠죠.

자세히 그린 사인함수의 그래프

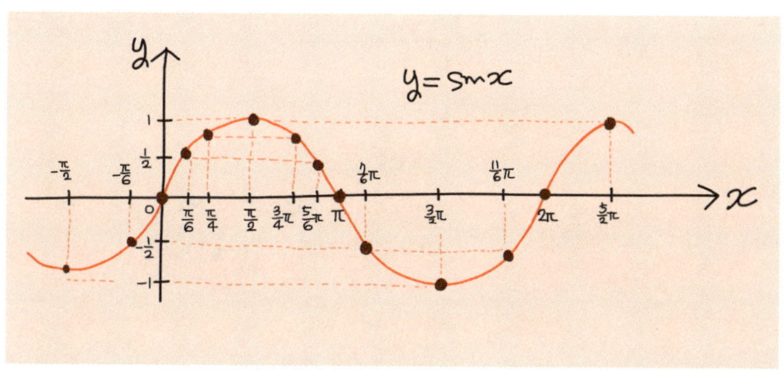

이 그래프에서 중요한 점은 특수각에서의 값과 진폭, 주기라는 것을 간파해야 합니다. 그 그래프의 중요 요소들을 생각해 재빨리 그리는 것이 바로 수학을 잘하는 비결입니다. 학생들에게 사인함수를 그려보라고 하면 다음과 같이 두 유형으로 나뉩니다.

잘못 그린 사인함수의 그래프 개요도

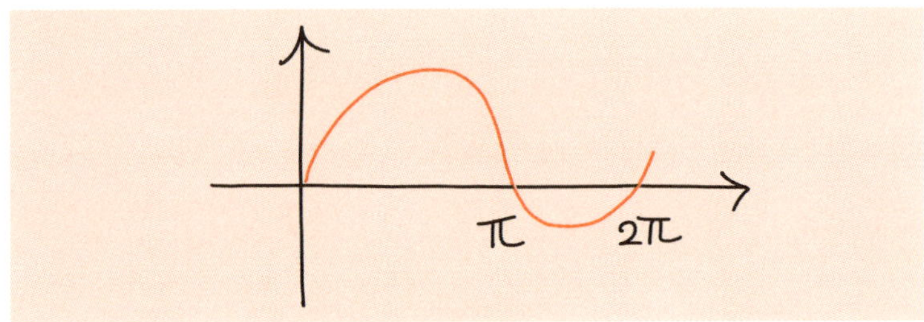

잘 그린 사인함수의 그래프 개요도

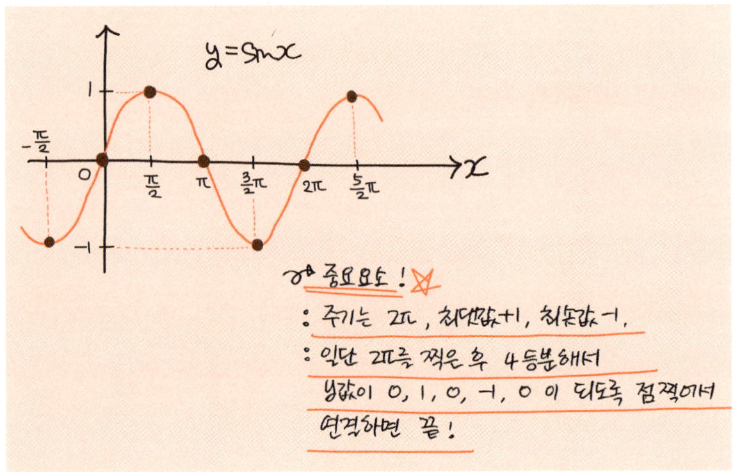

　수학교육에서 오랫동안 이어져 내려온 논란이 있습니다. 도형을 정확히 그리는 것이 중요한가, 아니면 머릿속으로 상상하는 추상적인 도형이 중요한가 하는 것입니다.

　아주 단순하게 이야기하자면, 수업시간에 선생님이나 학생이 직선이나 원을 자나 컴퍼스로 정확히 그려서 도형의 실제 모습을 익히는 것이 중요한가, 아니면 어차피 완전한 도형이란 머릿속으로밖에 상상할 수 없으니 원을 찌그러지게 그려도 그것을 원이라고 생각하는 힘이 더 중요한가 하는 것입니다. 어려운 문제이긴 하지만, 배우는 입장에서는 별로 고민할 게 없습니다. 둘 다 중요하다고 생각하면 되니까요.

　처음에는 정확히 그려서 모양에 대한 체험을 하고, 그다음에는 그것을 바탕으로 중요 요소만을 활용하면 됩니다.

이번에는 증명문제를 생각해봅시다. 많은 선생님들이 증명을 '수학의 꽃'이라고 이야기합니다. 대학에서 배우는 수학은 거의 모든 문제가 증명문제입니다. 중고등학교에서 배우는 계산문제도 사실 어찌 보면 증명문제일 수 있습니다. 풀이라는 것은 왜 답이 그것인가를 증명해가는 과정이니까요.

증명문제와 일반 계산문제의 차이점은 무엇일까요? 왜 증명문제를 힘들어할까요?

증명문제는 공식을 유도하거나 어떤 개념의 성질을 밝혀내는 문제입니다. 즉 구체적인 값을 이용해 구체적인 값을 찾는 문제가 아니라는 것입니다. 일반화된 문자로 이루어진 내용을 일반적인 상황으로 이야기하죠.

그러니까 증명문제는 단순한 계산문제보다 생각의 폭을 넓게 잡아야 하고, 숫자가 아니라 문자를 따라가는 생소한 과정을 거치게 됩니다. 하지만 그렇기 때문에 수학에서 증명이 중요한 것입니다. 증명으로 공식을 유도할 수 없다면, 어떤 개념의 성질들을 일반화할 수 없다면, 어떻게 될까요? 우리는 구체적인 계산문제 하나하나를 아주 초보적인 지식에서부터 석 달 열흘 걸려 해결해야 할지도 모릅니다.

생각의 폭을 넓혀 문자로 일반화했기 때문에 우리는 그 공식과 성질을 이용해 문제해결의 많은 단계를 뛰어넘을 수 있습니다. 예를 들어볼까요. 모든 삼각형의 세 내각의 합은 $180°$입니다. 그것을 알고 있으니 두 각이 30°, 90°이면 나머지 한 각은 60°라는 것을 알 수 있는 것이죠. 그러니 사실 수학이라는 학문 자체에서 일반 계산문제는 별로 중요하지 않습니다. 그것은 증명의 결과물일 뿐이니까요.

수학이란 따지고 보면 어떤 특수한 사실들의 '일반화'랍니다. 주어진 일반적인 상황을 이용해 더 높은 차원의 일반화를 끌어내는 것이 수학에서 추구하는 '생각하기'의 최고봉입니다. 그것이 증명이며, 그러므로 증명을 '수학의 꽃'이라고 하는 것입니다.

수학에서는 증명이 매우 중요합니다. 교과서를 쓰는 수학자들도, 가르치는 선생님들도 그것을 알고 있습니다. 그러므로 증명문제는 수능에 꼭 나오고, 학교선생님들이 늘 강조합니다.

증명문제는 그 자체가 시험에 나오기도 하지만, 다른 문제의 해결능력에도 영향을 끼칩니다. 학생들에게 아주 고급단계의 '생각하기 트레이닝'을 제공한다고 보면 됩니다.

증명문제를 다룰 줄 안다는 것은 수학공부의 단계가 상위권이라는 것을 의미합니다. 여러분이 수학에 흥미를 느끼기 시작했고, 더 높은 단계로 올라가기를 바란다면 증명문제에 도전해보길 바랍니다.

수학자로 유명해지는 방법에는 두 가지가 있다고 합니다. 아무도 증명하지 못할 문제를 내는 것, 아무도 증명하지 못한 문제를 마침내 증명해내는 것.

수학에는 7대 난제라는 것이 있습니다. 어떤 수학자가 '아마 이럴 것이다' 하고 어떤 공식(성질)을 이야기했는데, 지금까지 그것이 진짜인지 아닌지 아무도 증명하지 못한 문제들을 말합니다. 클레이연구소라는 곳에서는 이 문제들을 푸는 데 100만 달러의 상금을 내걸었습니다.

'페르마의 마지막 정리'의 증명과정도 참으로 극적이었습니다. 17세기 페르마라는 법률가가 있었습니다. 그는 우연히 고대 그리스 수학자 디오판토스의 《산술》이라는 책을 읽게 되었고, 흥미를 느껴 수학을 공부하기 시작했습니다.

페르마가 그 책에 있는 피타고라스의 정리를 보고 메모를 해뒀는데, 즉 "n이 2보다 큰 자연수일 때 $x^n + y^n = z^2$ 방정식을 만족하는 0이 아닌 정수해(x, y, z)는 존재하지 않는다."는 추측입니다. 이것을 '페르마의 마지막 정리'라고 합니다.

페르마는 이 정리를 적은 뒤 이렇게 덧붙였습니다.

"나는 이 명제에 관한 놀라운 증명을 찾아냈으나 여백이 부족해 적지 않는다."

하지만 그가 죽은 뒤 이 명제를 한번 증명해보려고 했던 수학자들은 혀를 내둘렀습니다. 결국 350년이 넘도록 아무도 풀지 못했습니다.

그런데 1994년에 문제를 푼 사람이 마침내 나타났습니다. 영국의 수학자 앤드루 와일즈입니다. 그는 10세 때 도서관에서 우연히 이 이야기를 접했다고 합니다. 그리고 그때부터 그는 이 문제를 푸는 꿈을 꾸었다고 합니다.

수학을 하는 사람들은 평생은 아니더라도 오랫동안 한 문제를 생각하곤 합니다. 《학문의 즐거움》이라는 책을 쓴 일본의 유명한 수학자 히로나카 헤이스케는 한 문제를 3일 동안 쉬지 않고 풀었다고 합니다. 심지어 꿈속에서까지 말이죠.

여러분은 어쩌면 수학공부의 새로운 단계가 필요한 시점에 와 있는지도 모릅니다. 문제해결을 위해 집요하게 생각하는 즐거움은 600만 학생 중 아무나 누리는 즐거움이 아닙니다. 때가 되었다면 집중력과 집요함을 무기로 새로운 수학공부를 시작합시다.

다시 시작입니다.

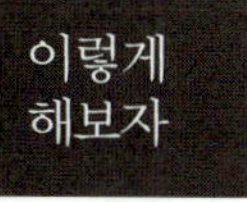

- ◆ 중요 요소를 파악해 그래프 개요를 그리자.
- ◆ 상위권으로의 도약! 증명문제에 도전해보자.

교과서에 등장하는 그래프 개요도

1) 일차함수 $y = ax + b$

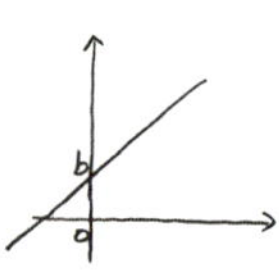

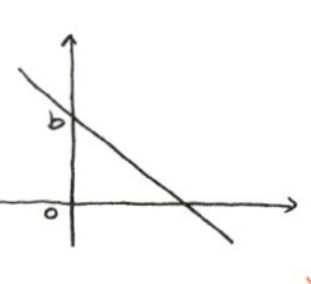

2) 이차함수 $y = ax^2 + bx + c$

i) $a > 0$

ii) $a < 0$

a의 부호에 따라 모양이 달라!

3) 원 $(x-a)^2 + (y-b)^2 = r^2$

＊ 중심 (a, b)
반지름 (r)

4) 유리함수

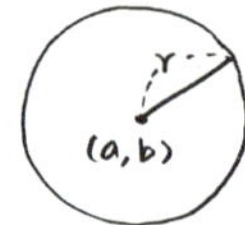

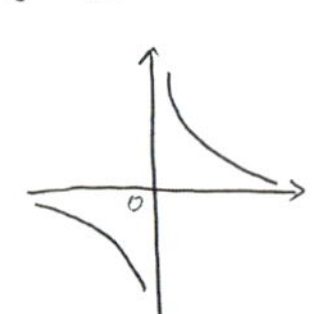

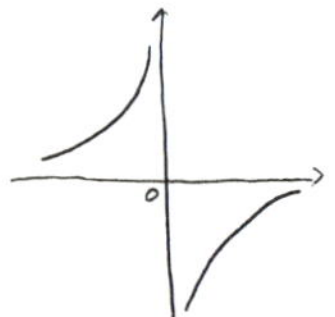

5) 무리함수

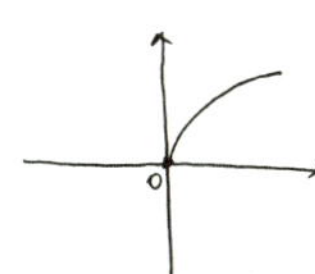

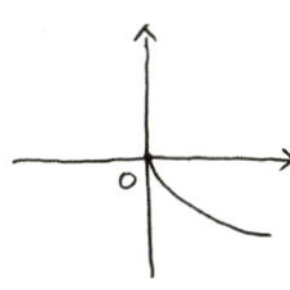

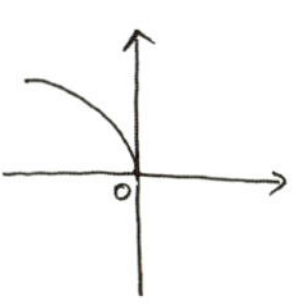

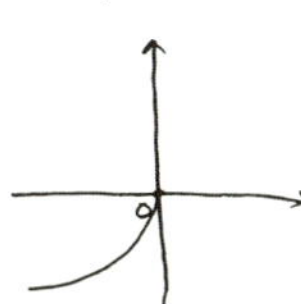

→ 잘 모르겠음 점 1개만 찾고 원점이랑 적당히! 이어줘~

6) 삼각함수

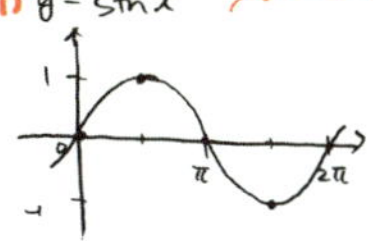

↗ 원점 대칭

ii) $y=\cos x$

↗ y축 대칭

⇒ 둘다 주기는 2π
최댓값 1, 최솟값 −1
이라네~

iii) $y=\tan x$

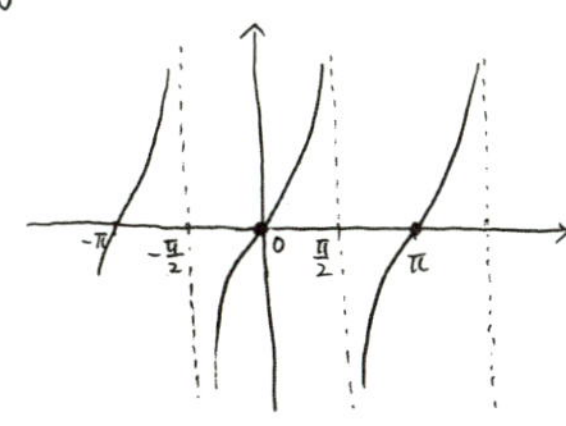

↗ 접근선 $y=\pm\dfrac{\pi}{2}$, $\pm\dfrac{3}{2}\pi\cdots$

⇒ 주기는 π. 최대, 최소는 없다!

20

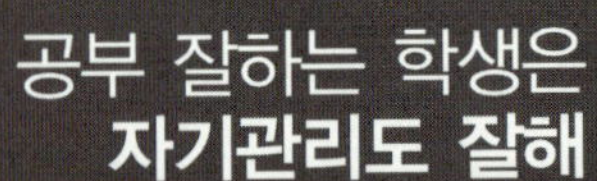

아, 이제 한계에 온 것 같아요. 점점 더 힘이 드네요. 좀 쉬어보려고 며칠 놓았는데, 다시 공부하려고 생각하니 엄두가 안 나는 거 있죠. 열심히 노력했는데도 성적도 안 오르고….

여름이면 유행한다는 그 병, ‘다싫기하부공병’에 걸렸어요. 중증이에요. 아! 어떻게 해요! T.T

학년이 바뀔 때, 초등학교에서 중학교로 올라가거나 중학교에서 고등학교로 올라갈 때 유난히 오버하는 학생들이 있습니다. 특히 고2에서 고3 올라갈 때 이런 학생들이 많죠. 굉장히 흥분되는데 그것을 심각한 얼굴로 감추고 있는 상태라고 할까요?

누가 건드리기만 하면 단박에 화를 낼 것처럼 비장한 표정을 짓고, 화장실에 갔다가도 바로 자리에 돌아와 책을 폅니다. 쉬는 시간에 친한 친구들 반에도, 매점에도 잘 가지 않죠. 말수가 줄고, 독서실을 끊고, 수업시간에는 괜히 선생님을 노려봅니다. 이들이 바로 3월 초면 반마다 몇 명씩 출몰한다는 그 유명한 '공부하기로 결심한 학생'들입니다.

중간고사가 다가오면 이 학생들은 더 긴장합니다. 자신이 얼마나 달라졌는지 그 결과를 처음으로 확인하는 시험이니까요. 밤에 공부를 많이 했는지 피부도 푸석푸석하고, 눈은 또 불투명한 유리처럼 빛이 없죠. 가끔 자신의 의지와 상관없이 졸다가 너무 꾸벅거린 나머지 깜짝 놀라 깨기도 합니다. 심지어 수업 중에 코피를 쏟는 학생도 있는데, 자랑스러운 건지 스스로 안쓰러운 건지 피식 웃는 표정이란, 참 뭐라 말할 수 없습니다.

시험 볼 때도 피곤함을 숨기지 못합니다. 시험 전날 분명 밤을 새웠거나 몇 시간 못 잔 것 같습니다. 시험시간이 반쯤 지나면 아침도 못 먹고 머리도 못 감은 추레한 모습으로 시험지 위에 엎드려 자기 시작합니다. 자면서도 집중하려고 그러는지 눈썹에 힘을 주는 모습이 참 안쓰럽습니다.

그런데 공부라는 게 그리 만만한 일이 아닙니다. 다른 학생들이 애쓴 5년 또는 10년의 시간을 단 몇 개월에 따라잡을 수는 없죠. 몇몇 과목은 단박에 중상위권으로 올라갈 수 있다 해도 수학이나 영어는 그러기가 힘듭니다. 중간고사 성적이 어느 정도 나오면 나름대로 만족할 수도 있겠지만, 자신의 결심에 많이 흥분하고 긴장한 만큼 실망할 가능성도 큽니다.

중간고사가 끝나면 학교행사가 많아집니다. 소풍이나 수학여행도 가고, 단체체험학습이나 봉사활동도 가죠. 그렇게 며칠 친구들과 기분을 내다보면 공부하던 패턴을 잃게 됩니다.

같이 결심했던 친구들도 노래방이며 PC방에서 배신을 때리기(!) 시작하고, 날은 점점 더워집니다. 거기에 새로 시작한 TV 드라마는 왜 이렇게 재밌는지, 요즘 나오는 아이돌은 왜 다 끝내주는지, 또 올림픽대표에 월드컵대표에 국가대표 축구시합은 왜 그렇게 자주 하는지요.

초등학교 친구는 자꾸 채팅하자고 하고, 인터넷 엽기동영상은 보는 것마다 재미있고, 옆반 친구는 이번 수학여행 발표회 때 같이 춤추자고 조르고, 3반 소영이는 신경 쓰이게 자꾸 나만 보면 웃고, 수업내용은 점점 어려워져 이젠 도무지 무슨 소린지 하나도 모르겠습니다.

그뿐인가요. 딱 한 번 학원을 안 갔는데 그걸 안 엄마가 다시 잔소리를 늘어놓기 시작했고, 아버지는 ‘네가 그렇지 뭐’라는 표정으로 아래위를 훑어봅니다.

그런데 그 와중에 벌써 기말고사를 본다는 소식이 담임선생님의 입에서 교실로 울려퍼집니다. 뒤늦게 발버둥을 쳐보지만, 기말고사 성적은 완전히 작년으로 돌아가 있습니다. 학기말 성적표를 받아들고 내쉬는 한숨에 교실 천장이 무너져버릴 것 같습니다.

어느새 여름방학을 맞아 마음을 다잡고 다시 용을 써봅니다. 하지만 친척집 한 번 갔다 오고, 친구들이랑 수영장 가서 하루 놀고, 냉방병 며칠 앓고 나면 개학입니다. 고3 중에는 방학을 맞아 다시 피치를 올리는 학생도 있지만, 대부분은 여름의 태양 앞에 무릎을 꿇고 맙니다.

다음 그래프는 그 유명한 '공부하기로 결심한 학생들'의 바람직하지 못한 두 가지 공부 그래프입니다.

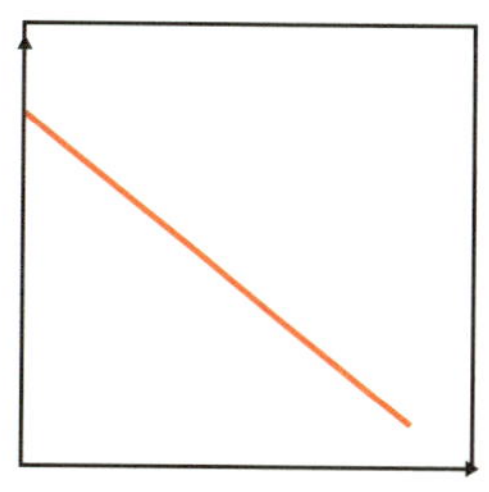

굳게 결심했다가 점점 힘이 빠지는 경우

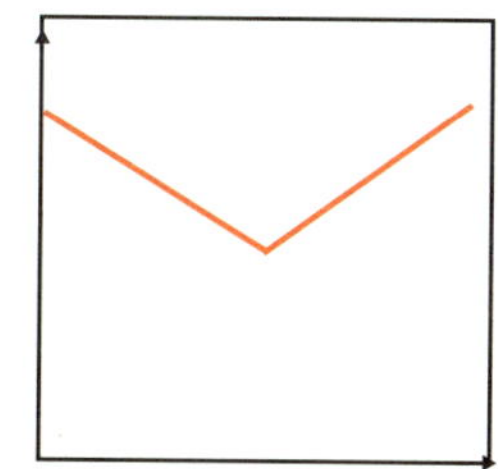

그나마 2학기에 다시 집중하는 경우

세상에서 가장 조심스럽게 다루어야 하는 것은 폭탄도 아니고 고려청자도, 애인도 아닙니다. 자기 자신의 마음입니다. 처음에 너무 흥분하고 무리하기보다는 냉정한 태도를 유지하는 것이 중요합니다. 하늘을 올려다보되 발은 땅을 디디고 서 있어야 하죠. 붕 뜨면 안 됩니다.

중요한 것은 각오의 강도가 아니라 각오를 얼마나 오래 유지하느냐입니다. 처음엔 뜨거웠다가 쉽게 열정이 식는 양은냄비보다는 은근히 달아올라 열기를 오래 유지하는 뚝배기가 공부에는 더 유리합니다. 다음 그래프를 볼까요?

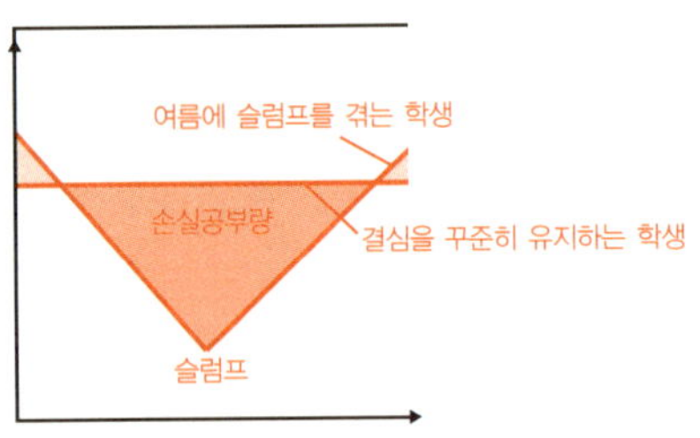

이렇게 처음에는 냉정하게 현실적으로 시작하고 그것을 꾸준히 유지하는 쪽이 흥분해서 무리했다가 여름에 힘이 빠져 슬럼프를 겪는 쪽보다 공부양이 더 많습니다.

공부는 100m 달리기가 아니라 마라톤입니다. 마라톤은 체력안배와 심리적 안정의 유지가 중요합니다. 그럼 어떻게 해야 슬럼프에 빠지지 않을까요?

첫째는 물론 자신에게 맞는 공부계획을 짜는 것입니다.

무리한 계획은 심신을 지치게 하고 결과에 대한 실망감만 키웁니다. 말 그대로 '무리수'밖에 안 되죠. 자는 시간을 너무 줄인다거나 공부양을 자신과 안 맞게 비현실적으로 잡아놓고 괴로워하지 마십시오. 학교 공부시간을 빼고 하루 중에서 자기 스스로 공부할 수 있는 시간을 계산해본 적이 있습니까? 생각보다 많지 않고, 그 시간에 할 수 있는 공부의 양도 제한적입니다. 공부의 결심과 계획은 현실적이고 효과적이어야 합니다.

둘째, 자신의 상태를 수시로 체크하는 것이 좋습니다.

제가 학창시절에 이용한 방법은 그래프 그리기입니다. 주요 과목의 정기고사와 모의고사는 물론 쪽지시험이나 혼자 푼 연습문제의 점수도 100점 만점으로 환산해 꾸준히 그래프로 그리는 것입니다. 물론 시험마다 난이도가 다르기도 하므로 작은 변화에 큰 의미를 둘 수는 없습니다. 하지만 일단 그렇게 하면 자신의 상태를 객관적으로 보는 습관을 들일 수 있습니다. 그리고 점점 변하는 그래프를 보면서 재미도 느낄 수 있습니다.

셋째, 공부가 너무 지겨울 때 나를 구원해줄 나만의 스트레스 해소법을 찾아보는 것입니다.

저는 고등학교 때 기숙사 생활을 했습니다. 지방 신생사립고였는데, 공부 좀 해보겠다는 학생들을 모아 기숙사를 운영했죠.

야간자습시간에는 열기가 대단했습니다. 책과 참고서를 쌓아놓고 눈에 불을 켜고 앉아 있었죠. 그런 학생들로 꽉 차 있는 교실 가운데 앉아 있으면 공부가 잘될 때도 있었지만, 어떨 때는 가슴이 터질 듯 답답했습니다. 그럴 때는 어두운 운동장 끝으로 가서 하모니카를 불었습니다. 그러면 좀 진정이 되고 가슴이 시원해졌습니다.

생각해보면 저만 그랬던 게 아니라 다들 자기만의 스트레스 해소법이 하나씩 있었던 것 같습니다. 한 친구는 조용한 성당에 찾아가 혼자 무릎을 꿇고 묵상하곤 했습니다. 자전거를 타는 친구도 있었고, 만화를 보는 친구도 있었고, 그냥 무조건 잠을 자는 친구도 있었습니다. 다들 그렇게 각자의 해소법대로 어느 정도 풀고 나면 다시 책상 앞에 앉아 공부에 매달릴 수 있었습니다.

요즘 학생들의 스트레스 해소법은 옛날과 조금 달라진 것 같습니다. 몇몇에게 물어보니 노래방 가서 소리소리 지르며 노래 부르는 학생도 있고, 한강둔치에 나가 신나게 달리기를 하는 친구도 있었습니다. 친구를 불러 농구를 한다거나 일요일 아침에 산에 오르는 것도 좋은 방법입니다. 몸을 움직인다거나 에너지를 발산해 스트레스를 확 날려버릴 수 있는 자신만의 방법을 하나씩 찾아보기 바랍니다. 물론 공부는 안 하고 계속 스트레스만 풀면 안 되겠죠? 하하.

넷째, 슬럼프는 누구에게나 찾아옵니다. 슬럼프를 겪지 않으려 노력하는 것보다 슬럼프가 왔을 때 빨리 벗어나는 것이 중요합니다.

슬럼프에서 벗어나는 방법 중에는 자신을 다그치는 방법도 있고, 앞에서 말했던 대로 이벤트 학습을 통해 스스로에게 상을 주는 방법도 있습니다. 슬럼프라고 생각되면 공부법이나 환경에 변화를 주는 것도 좋습니다. 학원을 바꿔본다거나, 독서실을 옮긴다거나, 주말공부와 평일공부의 순서를 바꿔본다거나, 공부하던 책을 바꿔보는 것입니다. 그러면 다시 시작하는 느낌이 들고 불끈, 각오가 치밀어오르기도 합니다.

그런데 이렇게 말은 쉽지만 사실 한번 찾아온 '다싫기하부공병'은 쉽게 치유되지 않습니다. 저도 '다싫기하일병'에 자주 걸리기 때문에 그 사정을 잘 압니다. 하지만 어려운 일이 닥쳤을 때 해결하는 방법은 세상에 두 가지밖에 없답니다. 어려운 환경을 바꾸거나 자기 자신을 바꾸는 것.

예를 들어 아주 깊은 강이 내 앞을 가로막고 있다면 강에 다리를 놓으면 됩니다. 하지만 시간이나 돈이나 그 밖의 이유로 그게 불가능하다면, 결국 강을 헤엄쳐서 건널 수 있을 만큼 강해지는 수밖에 없습니다.

공부는 본질적으로 환경보다는 자기 자신과의 싸움입니다. 아무리 생각해도 결국 답이 나올 구석은 자기 자신밖에 없습니다. 자신에 대해서는 자신이 가장 잘 알고, 슬럼프의 해결법도 누구보다 자신이 잘 알 것입니다.

마지막으로 슬럼프를 벗어나는 필살기를 소개하겠습니다.

짜증나면 짜증내고, 울고 싶으면 실컷 혼자 우세요. 그냥 대충 흉내 내지 말고 진짜로 화내고 울분을 토해야 합니다. 자신의 모든 괴로움이 마치 피부를 뚫고 나올 것처럼 솔직하지 않으면 소용이 없습니다.

충분히 내질렀다면 이번에는 조용히 눈을 감고 천천히 자신을 진정시킵니다. 그리고 심호흡을 해보세요. 조용한 가운데 명상을 지속하면 자신을 둘러싸는 에너지가 느껴질 것입니다. 그리고 충분히 진정되었다 싶을 때 눈을 뜹니다.

이제 무엇을 해야 할지 본능적으로 느낄 것입니다. 아주 차분하고 냉정하게 안으로부터 씹어뱉습니다.

"슬럼프? 꺼지라고 해! XX!"

- ◆ 처음에 너무 오버하지 말자.
  결심은 굳건하되 냉정함을 유지하는 게 중요해.
- ◆ 공부계획은 현실적으로 짜자.
- ◆ 내 상태를 그래프 그리기로 계속 확인하자.
- ◆ 나만의 스트레스 해소법을 만들자.
  물론 계속 스트레스만 해소하면 안 돼~!
- ◆ 공부환경을 바꿔보자.
- ◆ 결국 슬럼프는 나 스스로 극복해야 하는 것임을 잊지 말자.

21

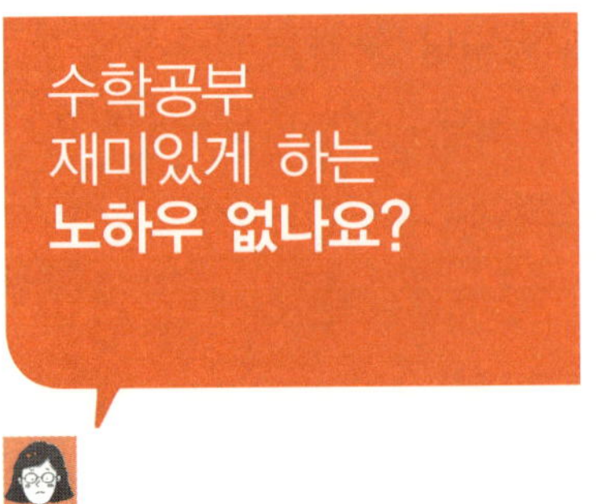

계속 문제만 풀자니 힘들어 죽겠어요.

재미있게 공부하는 법이 있으면 좀 알려주세요.

원래 공부라는 게 재미있기가 참 힘듭니다. 공부가 재미있으려면 공부하는 방법이 아니라 사실은 공부 그 자체가 재미있어야 하죠.

나이 들어 공부하는 분들이 하는 말씀이 있습니다.

"공부가 재미있어서 시간 가는 줄 모르겠어요. 뭔가 알아가는 게 이렇게 즐거울 줄이야…."

이런 말씀을 하는 것은 자기 스스로 공부하기 때문입니다.

세상 살다보면 공부보다 괴로운 게 더 많습니다. 힘든 일상을 살다 우연히 책이라도 읽으면 그게 참 재미있습니다. 자기 머릿속에 지식을 쌓고, 그것을 다른 사람들에게 자랑하며 뿌듯해합니다. 누가 시켜서 하는 게 아닙니다. 무엇을 위해서 하는 것도 아닙니다. 그냥 좋아서 하는 것이기 때문에 재미있는 것입니다.

책을 펴면서 인상 쓰지 말고 언제나 긍정적인 자세로 공부하는 것이 좋습니다. 그리고 이 공부가 자신의 지식과 인격을 어떻게 올려줄지, 그래서 결국 학교에서, 시간이 흘러 사회에서 자신이 어떤 고귀한 모습으로 서 있을지 상상해보는 것도 공부에 대한 태도를 바꾸는 좋은 생각습관입니다.

수학 잘하는 자신을 상상하며 콧노래를 부른다거나, 구체적인 자신의 미래를 글귀나 유명인의 사진 같은 것으로 눈에 띄게 게시해놓는 것도 좋겠죠. 어떤 학생은 애플의 창업자 스티브 잡스의 사진을 책상에 붙여놓고 공부한답니다. 또 어떤 학생은 자기가 지망하는 학교의 사진이나 일하고 싶은 연구소의 사진을 붙여놓기도 하고요.

어떤 학생은 이런 글귀를 노트 표지에 적어놓았습니다.

장기적 비전을 위해 단기적 손해를 감수한다.
그것이 성공의 비결이다. _ 빌 게이츠

그런가 하면 컴퓨터 바탕화면이나 화면보호기에 이렇게 자신의 미래 직업을 적어놓는 학생들도 있습니다.

그런데 막연히 생각이 중요하다고만 이야기하면 안 되겠죠. 구체적으로 재미있게 수학을 공부하는 방법에는 어떤 게 있을까요? 사람마다 다르겠지만, 제가 썼던 방법과 제가 본 학생들의 재미있는 방법들을 소개해보려 합니다.

먼저 소리 내어 읽기, 대화하기가 있습니다.

수학공부를 하다가 지겨워지면 소리 내어 읽어보는 것이죠. 연예인 성대모사를 하면서 읽어도 재밌습니다. 그러고는 문제를 풀며 이런 식으로 대화를 하는 것입니다.

"흠, 네가 이렇게 나왔단 말이지. 지금 조건을 안 쓴 게 이거니까, 어… 그럼 여기서 어떻게 해야 할까? 이걸 여기다 넣어서 계산을 해볼까? 어떻게 생각해? 아냐? 그걸 왜 거기다 넣냐고? 왜냐하면… 봐봐."

가끔은 스포츠중계 형식으로 해보기도 합니다. 정답을 구할 때는 이렇게 중계를 하며 답을 확인합니다.

"아, 네! 드디어 a를 구했군요. 그렇다면 b는… 네! 좋아요. 이제 2개만 더하면 됩니다. 아, 슛! 골인! 골인입니다! 고국에 계신 동포여러분, 기뻐해주십시오!"

그런데 정답을 확인해보니 답이 틀렸다면 어떻게 할까요?

"아, 안타깝습니다. 오프사이드… 어떤 선수죠? 네, 이 선수로군요… 어처구니가 없네요."

물론 다른 학생들이 있는 교실에서 이렇게 중얼거리면 미친 사람 취급을 받을 것입니다. 그러니 혼자 있을 때 해보세요. 나름대로 재밌습니다.

또 친구들과 내기를 하는 것도 재미있습니다.

예를 들어 문제집을 정해 둘이 한 권씩 삽니다. 답지를 뜯고 다른 곳에 보관한 뒤, 시간을 정해 시험범위 연습문제 페이지의 문제를 풀기 시작합니다. 다 푼 다음 채점을 해서 승패를 가르는 것이죠.

이때 두 친구 사이에 실력차가 있으면 어드밴티지를 적용하는 게 좋습니다. 실력이 좀 낮은 학생은 맞은 개수에 +3을 한다든지 하는 식으로요. 학창시절 유치하게 치토스 딱지 뺏기 내기를 했던 기억이 납니다.

정기고사, 학력평가, 쪽지시험, 학원시험, 자기 혼자 본 시험 등 모든 시험이나 문제풀이를 100점 만점으로 환산해 꾸준히 그래프에 그려넣는 것도 꽤 재밌습니다.

이를테면 어느 단원의 연습문제가 15문제인데 8문제를 맞혔다면 이런 식으로 환산하는 것입니다. $\frac{8}{15} \times 100 = $ 약 53점.

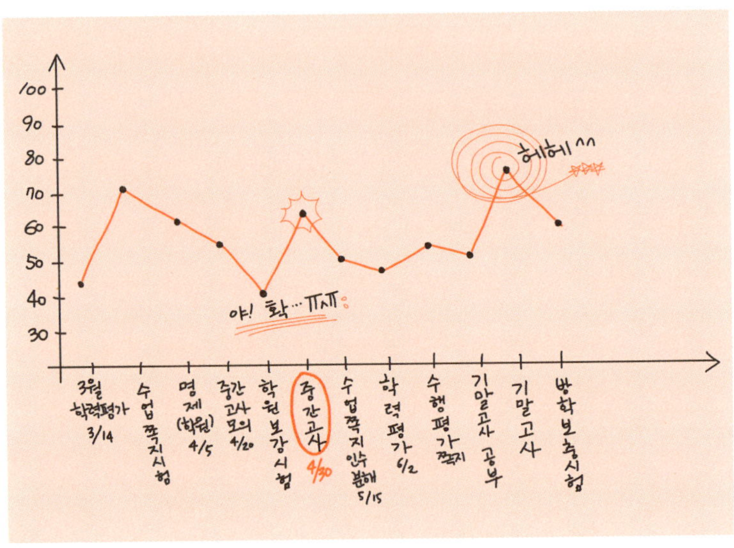

개방적으로 문제를 내보는 것도 흥미로운 방법입니다.

직선의 기울기에 대한 개념을 배웠다면 '다음 식의 기울기는?'이란 문제를 푸는 것도 좋지만, '기울기가 3인 직선의 방정식을 3개 써보기' 같은 과제를 스스로에게 내는 것도 재미있습니다. 이것은 개념을 익히기에 아주 좋은 공부법인데, 책에 있는 것과 거꾸로 생각해보는 것입니다.

하나 더 예를 들어볼까요? 두 수의 최대공약수를 구하는 것을 열심히 공부했다면, 거꾸로 이런 문제를 내보는 것입니다.

"12를 최대공약수로 갖는 두 수는 뭐가 있지? 그런 경우가 여러 개 나올까, 1개 나올까? 3개만 써보자."

이런 개방형 문제를 친구들끼리 내보는 것도 좋습니다.

인간은 평생 재미를 추구하면서도 대부분의 시간을 재미없는 일로 보내는 유일한 동물입니다. 왜일까요? 인간이 멍청해서? 아닙니다. 그 재미없는 시간들 덕분에 결국 다른 동물과는 차원이 다른 벅찬 즐거움을 맛볼 수 있기 때문입니다.

공부를 재미있게 하는 것도 좋지만, 공부를 열심히 해서 재미있어지는 게 더 좋습니다. 당장의 말초적인 재미보다는 진정한 재미를 위한 '노력의 재미'를 느껴보길 진심으로 바랍니다.

- ◆ 공부를 통해 얻을 수 있는 자신의 미래 모습을 상상해보자.
- ◆ 수학문제와 대화하며 문제를 풀자. 단 혼자 있을 때!^^
- ◆ 친구와 여러 가지 내기를 해보자.
- ◆ 내 시험점수 그래프를 꾸준히 그려보자.
- ◆ 개방형 문제를 만들어보자.

21개의 답변을 마치며

학생은 공부하는 사람이긴 하지만 사실 공부가 다는 아니죠. 솔직히 그래요. 학생도 사람이니까요. 사람 중에서도 아직 정신적으로나 육체적으로 자라고 있는 '청소년'이죠. 어떻게 보면 친구들과의 관계나 가족끼리의 화합이 더 중요하고, 호연지기를 키우고, 품성을 갈고닦고, 인문적 소양을 넓히고, 다양한 경험을 해보는 게 더 중요할지도 모릅니다.

즐거움도 필요하고, 휴식도 필요하고, 슬픈 영화를 보며 눈물 흘리는 카타르시스도 필요해요. 사회를 보는 눈을 키우는 것도 필요하고, 좋아하는 것이나 좋아하는 사람에 대한 애정법도 배워야 하는 나이예요.

그래서 답변을 하면서도 공부 측면으로만 몰아붙여 이야기 하는 게 아닌가 마음에 걸리기도 했답니다. 하지만 공부가 중고 등학생들의 생활에서 많은 부분을 차지하고, 다른 생활요소들 에도 영향을 미치는 양적으로도 질적으로도 중요한 요소라는 것도 분명한 사실입니다.

공부란 집착도 방치도 위험한 게임이에요. 저는 여러분이 공 부를 생활의 일부, 그 대신 중요한 일부라고 생각했으면 좋겠어 요. 이미 그러고 있다고요? 그렇다면 다행입니다.

사실 15년 넘게 학생들을 가르쳐왔지만, 학생들은 언제나 '생각 이상'이었던 것 같아요. 인정!

수학도 그렇게 생각해주길 바랍니다. 수학공부도 생활의 일 부입니다. 게다가 청소년 시기에 우리의 '생각하기' 능력을 키 우는 아주 중요한 일부잖아요?

그것을 포기한다면 청소년 시기의 아주 중요한 과정을 빼먹 는 것과 같습니다. 수학을 잘하고 못하고가 중요한 게 아니라, 대학을 가고 안 가고가 중요한 게 아니라, 바로 이것이 더 중요 한 게 아닌가 생각합니다.

저는 학생들이 이 책을 읽고 난 뒤 수학을 대학진학의 도구 로 생각지 않고 그 과정 자체를 소중히 여겨줬으면 합니다. 정답이 중요한 게 아니라 정답을 구하는 태도와 생각이 중요하다는 것을 알았으면 좋겠습니다. 그래서 마침내 수학을 순수하게 즐겼으면 좋겠고요.

그러려면 교과서가 쉬워지고 수학을 가르치는 방법도 많이 바뀌어야겠죠. 하지만 무엇보다 수학에 대한 여러분의 마음속 응어리가 풀려야 한다고 생각합니다. 수학을 미리 미워하지 말고, 자기가 못 알아듣는 것에 대해 필요 이상으로 괴로워하지 말며, 모르는 것은 솔직히 인정하고 알아내려는 노력 자체를 즐기는 것.

그것이 진정한 수학공부라는 걸 잊지 말아주세요.

그것이 제 마지막 부탁입니다.

교육현장에서 여러분을 만나 함께 공부하는 선생이라 늘 저는 행복합니다. 이 글을 쓰면서도 즐거웠습니다.

건투를 빕니다.

나는 어디쯤 있을까

각 학년에서 가지고 노는
수학의 재료들

수학의 재료들	중1
모임(집합) **명제**(진리집합) 뜻을 이해하는 것이 중요!	**집합의 개념과 표현 / 포함관계** **집합의 연산** –교집합, 합집합, 여집합, 차집합 집합은 계산보다는 개념을 이해하는 것이 중요해! 고등학교 때 또 나와! ★★★
수 뜻 이해와 연습이 모두 중요한 단원! 노력으로 극복할 수 있어!	**자연수** –소인수분해, 최대공약수, 최소공배수, 십진법, 이진법 **정수** –대소관계와 사칙연산　**유리수** –대소관계와 사칙연산 앞으로 배울 많은 수학 내용의 기본이 되는 부분이야. 수학에 좀 약한 학생도 연습을 충분히 하면 해낼 수 있어. 오직 연습만이 살 길이야! 중2부터 고등학교까지 계속 나와! ★★★★★
식 연습이 중요한 단원! 노력으로 극복할 수 있어!	**일차식** **일차방정식** 방정식 문제는 풀어서 답을 구하는 방법이 중요해. 이것도 역시 연습을 많이 해야 해! 중2부터 고등학교까지 계속 나와! ★★★★★
그림(도형) 공식이 많이 나오고 수학적 감이 중요한 단원! 중하위권 학생이 점수 따기 좀 어려워! 먼저 용어의 뜻을 정확히 알고 쉬운 문제 위주로 연습해봐!	**기본도형** –점, 선, 면, 평행 등의 위치관계, 작도, 합동 **평면도형** –부채꼴, 원과 직선 **입체도형** –다면체, 회전체, 겉넓이, 부피 기본적인 도형의 뜻과 공식을 알아야 해. 공식은 문제를 많이 풀어봐야 쉽게 외울 수 있어! ★★★
관계(함수) 중하위권 학생이 어려워하는 단원이지만, 매년 계속 배워야 하니까 포기하지 말자!	**함수** –정의와 그래프 함수의 뜻과 그래프 보는 법 등 새로운 개념이 출현해. 뜻이 어려우면 쉬운 문제 위주로 많이 풀어봐! ★★★★★
가능성과 자료 (확률과 통계) 고등학교 때 또 나와! 어려우면 너무 깊게 들어가지 말고 쉬운 문제 위주로 풀어!	**통계** –도수분포 　　　 –그래프 　　　 –상대도수, 누적도수 새로운 용어가 많이 나와 힘들겠지만, 먼저 용어와 친해져야 해! ★★★

| --- | --- |

중2

명제의 뜻과 증명

느낌만으로 생각하면 안 되고,
정확한 정의로 판단해야 해!

고등학교 때 또 나와! ★★★

**유리수와 순환소수
근사값**

유리수와 소수를 바꾸는 규칙만 알면 할 만해!

고등학교에서 또 나와! ★★★

**지수법칙 / 식의 사칙연산
연립일차방정식 / 부등식
연립일차부등식**

부등식을 새로 배우고, 방정식도 점점 복잡해
져서 집중력이 필요해. 힘들어도 문제를 많이
풀어봐야 해!

★★★

**삼각형과 사각형
도형의 닮음 / 닮음의 활용**

도형문제가 점점 어려워지지? 너무 어렵다
느껴질 땐, 증명문제는 넘어가고 쉬운 문제
위주로 연습해보자!

★★★

일차함수 –정의, 그래프, 활용

그래프와 식을 서로 연결시키는 것이 중요해.
활용문제는 좀 어려워!

★★★★★

확률 –경우의 수
　　　–확률의 정의와 계산

공식으로 해결하는 부분이 아니라
감이 중요해. 물론 문제를 많이 풀어야
감이 생기겠지?

★★★

중3

**제곱근 / 무리수
실수** –대소관계와 사칙연산

조금 어려워질 거야. 무리수의 뜻과
계산까지 확실히 연습해야 해.
개념과 계산이 모두 중요한 부분!

앞으로 계속 보게 될 내용! ★★★★★

인수분해 / 이차방정식

공식을 단순히 외우는 것보다 문제풀이에
사용할 줄 알아야 해. 식 부분은 항상
연습이 중요해!

★★★★★

피타고라스 정리 / 삼각비 / 원

많은 학생들이 좌절하는 부분이니 어렵게
느껴지는 건 당연해! 일단 새로운 이름들과
친해지고 무슨 뜻인지 알아야겠지?
쉬운 문제 위주로 연습해보자!

★★★★

이차함수 –정의, 그래프, 활용

이차함수는 꼭짓점이 중요해. 그래프 모양을
기본적으로 알고 있어야 문제를 풀 수 있어!

★★★★★

통계 –대푯값(평균, 중앙값, 최빈값)
　　　–산포도(분산, 표준편차)

역시 새로운 용어들과 친해지려면 시간과
노력이 필요해. 너무 심각하게 공부하지는
말고 대표적인 문제에 집중!

★★★

고등학교 ★ 상위과정과의 연관성

수학의 재료들	수학 (고1)
모임(집합) **명제**(진리집합) **논리** 쉬운 것 같지만 정확한 개념 이해가 필요해!	**집합의 연산법칙** −서로소, 교환·결합·분배·드모르간 법칙 **명제 사이의 관계** −역, 이, 대우, 필요조건, 충분조건 처음에 배울 땐 쉽지만 의외로 까다로운 문제를 만날 수 있어. 정확한 이해가 필요해! ★★★
수 계산은 점점 복잡해지고 공식도 많아지지만, 정말 중요해서 놓치면 안 되는 단원이야!	**실수** −닫혀 있다, 항등원과 역원, 대소관계, 사칙연산 **복소수** −대소관계와 사칙연산, 켤레복소수 수의 범위가 점점 넓어지고 새로운 개념도 나오지. 어려우면 계산 위주의 쉬운 문제를 먼저 풀어서 익숙해지자! ★★★★
식 각 학년마다 나오고 다른 단원, 다른 학년 내용과 계속 연결되니까 확실히 공부해두자!	**이차방정식** −판별식, 근과 계수와의 관계 **삼, 사차방정식 / 연립이차방정식** **이차부등식 / 연립이차부등식** 중학교 내용과 겹치면서 더 어려워지지. 이차부등식의 풀이는 잘 정리해둬야 해! ★★★★★
그림(도형) 어려운 단원이지만 다행히도 다른 단원과의 연결성은 비교적 약하니까 중하위권 학생은 쉬운 문제 위주로 정리하자!	**평면좌표 / 직선, 원 / 도형의 대칭과 이동** **부등식의 영역 / 삼각함수의 도형에의 활용** 중학교 도형문제와 비슷한 것 같지만 일부 내용만 연결되니까 겁먹지 말고 새로운 마음으로 공부해. 부등식의 영역은 잘 공부해둘 것. 나중에 계속 나와! 인문계열 ★★★ / 이공계열 ★★★★
관계(함수) 고등학교 수학에서 가장 많은 비중을 차지한다고 할 수 있어!	**이차함수 / 유리함수** **무리함수 / 삼각함수** −그래프, 사인·코사인법칙 각 함수의 그래프의 특징을 꼭 기억하자! 삼각함수는 우선 뜻과 친해져야 하고 이공계열 지망 학생은 관계식과 법칙까지 정확히 알아둬야 해! ★★★★★
가능성과 자료 (확률과 통계) 많은 학생들이 기피하지. 다른 단원과의 연결성은 약하니 중하위권 학생은 내신 위주로 해봐!	**합의 법칙 / 곱의 법칙 / 순열 / 조합** 중학교 내용과 약간 겹치지만 조금 더 어려워져. 문제를 많이 풀어 감을 익혀야 해! ★★

수학 I (고2, 고3)	수학 II (고2, 고3)	선택과목 (고2, 고3)
수학적 귀납법 / 알고리즘과 순서도 수학이 약한 학생은 증명보다 문제풀이 위주로 공부해. 부담되면 순서도 부분은 살짝만 공부하자. ★★		
행렬과 그 연산 / 그래프와 행렬 **수열** –등차수열, 등비수열, 무한수열, 극한과 급수 **지수, 로그** 수능에 많이 출제되는 부분이야. 쉬운 문제부터 어려운 문제까지 일단 많이 풀어보자! ★★★★		
	분수방정식/무리방정식 **삼, 사차부등식/분수부등식** 복잡하게 생겼지만 문제 변형이 많지 않은 단원이야! ★★★	
	삼각함수의 **도형에의 활용** –정리와 공식들 대부분의 학생들이 힘들어 하는 부분!	**기하와 벡터** 이공계열 학생만 공부하는 단원인데, 도형과 식 모두 관련이 있고 공식도 많이 나와!
지수함수 / 로그함수 먼저 배운 지수, 로그 단원을 기본으로 그래프의 특징을 파악하자. 식의 계산도 많이 필요한 단원! 인문계열 ★★ / 이공계열 ★★★★	**함수의 극한과 연속** **미분 / 적분** 각 소단원이 모두 연결되어 있으므로 통째로 공부해야 해! 이공계열 ★★★★★	**삼각함수** –정리와 공식들 **미분 / 적분** 계산이 정말 복잡하니 차분하게 끝까지 풀어가야 해. 역시 이공계열 학생만 공부하는 단원!
		통계 기본 이미 배운 통계 단원에서 조금 더 깊이 배우는 거야. 복잡한 용어와 식과 친해져야 해.

공부는 내 인생에 대한 예의다

이형진 지음 | 13,000원

공부는 '방법'의 문제가 아니라 '마음'의 문제다! '전미(全美) 최고의 고교생' 선정, 최연소 '자랑스런 한국인' 선정, 예일대생 이형진 군의 공부철학을 담은 에세이로, 저자의 공부에 대한 진지한 고민을 바탕으로 설득력 있는 공부철학을 풀어낸다. 공부하는 '방법'이 아닌 공부하는 '이유'에 대해 접근하는 새로운 스타일의 공부 에세이.

너의 꿈, 지금부터 시작이야

김지영 지음 | 12,000원

〈포브스〉, 〈포춘〉, 〈타임〉이 선정한 '세계에서 가장 영향력 있는 여성' 10인! 펩시 CEO 인드라 누이, 미국 최고의 앵커 케이티 쿠릭부터 토크쇼 여왕 오프라 윈프리, 스타 정치가 힐러리 클린턴까지. 그녀들을 성공으로 이끈 10가지 비밀은 무엇일까? 그녀들의 꿈과 도전, 희망의 메시지, 진로 결정에 대한 팁을 배우자.

세상에 너를 소리쳐!

빅뱅 지음 | 김세아 정리 | 15,000원

"이 길의 끝에 우리가 원하는 세상이 있다!" 출간 즉시 온오프라인 판매 1위에 오르며 1달 만에 30만부를 돌파한 초 베스트셀러로, 가수 '빅뱅'이 써내려간 땀과 열정의 도전기다. 꿈을 이루는 방법에 대한 진지한 고민과 메시지를 전달한다. (추천: 열정과 의지, 노력과 연습의 가치를 생생하게 보여주며 감동과 교훈을 주는 책)

청소년을 위한 이기는 습관

전옥표 지음 | 11,000원

자녀들의 미래 앞에 놓아주어야 할 진정한 인생의 바이블! 대한민국을 '이기는 습관' 신드롬에 빠지게 한 《이기는 습관》의 청소년 편! 청소년기에 쌓아두지 않으면 절대 얻을 수 없는 28가지 인생의 '이기는 습관', 치열함과 집요함, 기본도리, 열정과 목표의식, 승부근성에 대해 특유의 직설화법으로 명쾌하게 풀어냈다.

너의 꿈을 캐스팅하라

손남원 지음 | 14,000원

오디션 합격부터 톱스타 등극까지 '스타, 우리는 이렇게 뽑고, 이렇게 키운다!' 양현석, 홍승성, 방시혁 등 대한민국 최고의 스타 기획자 9명이 밝히는 스타입문 필살기. 기획자가 바라보는 시각, 스타 메이킹 시스템, 상품성에 대한 고찰 등 연예 지망생들이 반드시 알아야 할 귀중한 정보들을 인터뷰 형식으로 엮었다.

아프니까 청춘이다 : 인생 앞에 홀로 선 젊은 그대에게

김난도 지음 | 14,000원

100만 청춘을 위로하다! 이 시대 최고의 멘토, 김난도 교수의 인생 강의실! 저자는 이 책에서 불안하고 아픈 청춘들에게 따뜻한 위로의 글, 따끔한 죽비 같은 글을 전한다. 스스로를 돌아보고, 추스르고, 다시 시작하게 하는 멘토링 에세이집. (추천: 인생 앞에 홀로서기를 시작하는 청춘을 응원하는 책)

멈추면, 비로소 보이는 것들

혜민 지음 | 우창헌 그림 | 14,000원

관계에 대해, 사랑에 대해, 인생과 희망에 대해… '영혼의 멘토, 청춘의 도반' 혜민 스님의 마음 매뉴얼! 하버드 재학 중 출가하여 승려이자 미국 대학교수라는 특별한 인생을 사는 혜민 스님. 수십만 트위터리안들이 먼저 읽고 감동한 혜민 스님의 인생 잠언! (추천: 쫓기는 듯한 삶에 지친 이들에게 위안과 격려를 주는 책)

세상에서 가장 이기적인 봉사여행

손보미 지음 | 14,000원

'안 될 거 뭐 있어? 해보면 좋을걸!' 해야 할 것도, 하고 싶은 것도 많은 청춘이라면 조금은 이기적으로, 똑똑하게 '세계봉사여행'을 떠나는 건 어떨까? 꿈을 이루는 가장 낭만적이고 현실적인 방법, 봉사여행! 이를 통해 넓은 세상과 다양한 사람을 만나며 세계 시민, '글로벌리언'을 꿈꾸게 된 저자가 들려주는 생생한 이야기가 펼쳐진다.

가슴 뛰는 삶

강헌구 지음 | 13,000원

꿈을 꿈으로만 남겨두지 마라. 간절히 원하는 그 모습으로 살아라. 가슴 벅찬 삶을 사는 법에 관한 '비전 로드맵'. 인생의 비전을 찾지 못한 이에게는 통찰과 작심을, 현재의 자리에서 머뭇거리고 있는 이에게는 돌파와 질주의 힘을 주는 책 (추천: 꿈을 찾지 못한 중고생과 대학생, 그리고 좌절의 길에서 주춤하고 있는 직장인들을 위한 책)

성공명언 1001

토머스 J. 빌로드 엮음 | 전문번역가 안진환 옮김 | 18,000원

평생 읽어야 할 동서고금의 명저 1001권을 요약한 듯, 정수만 뽑아 음미한다! 공자, 노자, 소크라테스, 스티븐 코비, 피터 드러커… 인류 역사상 가장 위대한 성취자들이 평생에 걸쳐 얻은 인생의 지혜가 담긴 명문장 1001가지를 영한대역으로 모았다. (추천: 작가, 강사, 카피라이터 등 글쓰기, 영어논술, 영어토론 준비에 좋은 책)

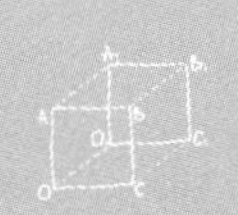